Six Sigma für den Mittelstand

Kirsten Broecheler ist freie Journalistin mit dem Fachgebiet Mittelstand.

Cornelia Schönberger ist zertifizierte Six Sigma-Ausbilderin und arbeitet als Trainerin und Beraterin für große und kleinere Unternehmen.

Kirsten Broecheler, Cornelia Schönberger

Six Sigma
für den Mittelstand

Weniger Fehler,
zufriedene Kunden und mehr Profit

Campus Verlag
Frankfurt/New York

Bibliografische Information der Deutschen Bibliothek

Die Deutsche Bibliothek verzeichnet diese Publikation in der Deutschen Nationalbibliografie.
Detaillierte bibliografische Daten sind im Internet über http://dnb.ddb.de abrufbar.
ISBN 3-593-37405-6

Copyright © 2004 Campus Verlag GmbH, Frankfurt/Main
Umschlaggestaltung: Init, Bielefeld
Grafiken: Stephanie Schönberger, Cornelia Schönberger
Satz: Leingärtner, Nabburg
Druck und Bindung: Druckhaus »Thomas Müntzer«, Bad Langensalza
Gedruckt auf säurefreiem und chlorfrei gebleichtem Papier.
Printed in Germany

Besuchen Sie uns im Internet: www.campus.de

Inhalt

1 Six Sigma für den Mittelstand – Einleitung

Weniger Fehler – das bedeutet automatisch weniger Fehlleistungskosten, zufriedenere Kunden und letztlich höhere Gewinnmargen. Weniger Fehler – die erreichen Unternehmen nur durch eine effiziente Prozesskontrolle. Eine Methode, die Kundenzufriedenheit und damit die Nettogewinne des Unternehmens zu steigern, ist Six Sigma. 1979 im US-Konzern Motorola entstanden, begannen schnell andere Großunternehmen, mit dieser Methode kosteneffizientes Qualitätsmanagement zu betreiben. Heute schätzt die Six Sigma-Akademie in Scottsdale, Arizona, die durchschnittliche Kostenersparnis bei Six Sigma-Projekten auf 230 000 US-Dollar.

Der Begriff »Six Sigma« leitet sich aus der Statistik ab. Maßstab für die Qualität von Prozessen ist die Six Sigma-Skala, die Unternehmensprozesse einheitlich – und damit vergleichbar – bewertet. Anders als andere Methoden gibt der Kunde das Ziel vor: Aus seiner Sicht optimiert das Projektteam die Prozesse in fünf Schritten: Es definiert das Projekt genau, misst die Fehler in den jeweiligen Prozessschritten, analysiert anhand von statistischen Vorgaben das Zahlenmaterial, entwickelt eine Lösung und kontrolliert schließlich, ob anhand der so gefundenen Lösung die Fehlerquote drastisch sinkt.

Die Vorgehensweise heißt DMAIC, abgeleitet von den englischen Begriffen Define (Definieren), Measure (Messen), Analyze (Analysieren), Improve (Verbessern) und Control (Überwachen). Höchstes Ziel ist Six Sigma: Das entspricht 3,4 Fehler je einer Million Fehlermöglichkeiten oder einer Ausbeute von 99,99966 Prozent. Am anderen Ende der Skala steht One Sigma: 690 000 Fehler auf eine Million Fehlermöglichkeiten. Würden von einer Million Geldüberweisungen 300 versehentlich an falsche Empfänger gehen, entspräche dies einem Prozess Sigma-Level von 4,9. Ein Schritt nach oben auf der Six Sigma-Skala ist ein Quantensprung in der Qualität eines Produkts oder einer Leistung.

Anhand der Six Sigma-Methode reduzieren Unternehmen ihre Qualitäts-
und entsprechenden Opportunitätskosten und aufgrund der gesteigerten
Qualität binden sie ihre derzeitigen Kunden stärker an sich und gewinnen
neue hinzu.

Six Sigma hat den Sprung über den großen Teich längst geschafft. Deut-
sche Großunternehmen wie Siemens, Deutsche Bank, Deutsche Bahn, Viterra
Energy Services und viele andere setzen diese Methode erfolgreich in ihren
Unternehmen ein. Und mancher Konzern erwartet von seinen mittelständi-
schen Zulieferern und Subunternehmern, dass auch sie nach dem Six Sigma-
System in ihrem Betrieb verfahren.

1.1 Six Sigma und der Mittelstand

Unabhängig von den Wünschen und Erwartungen der Großkonzerne ist Six
Sigma jedoch auch eine optimale Methode, um Prozesse in mittelständischen
Unternehmen schnell und kostengünstig zu verbessern. Denn zum einen eignet sich Six Sigma für Projekte jeglicher Größe in jeder Organisation: Ein-
kauf, Controlling, Produktion, Lieferung, Logistik und Entwicklung. Andererseits definiert sich der Mittelstand – nicht nur in Deutschland – besonders
über seine hohe Produkt- oder Dienstleistungsqualität sowie über seinen
Kundenservice.

Nach dem Europäischen Beobachtungsnetz für kleine und mittlere Unternehmen (KMU) sehen sich mittelständische Unternehmen gerade in diesen
beiden Bereichen als besonders wettbewerbsfähig an. Und genau diese beiden
Aspekte hilft Six Sigma zu optimieren. Das Institut für Mittelstandsforschung
in Bonn erweitert diesen Kreis noch: Seinen Erhebungen zufolge ist der größte
Erfolgsfaktor für den deutschen Mittelstand die Qualität gefolgt von Beratung, Service und Kundennähe sowie – an dritter Stelle – das Preis-Leistungs-
verhältnis. Erreichen können Unternehmer diese Ziele am effektivsten mit Six
Sigma. Dabei ist der deutsche Mittelstand gar nicht abgeneigt, Unternehmensberater in Anspruch zu nehmen: bereits 17 Prozent der Firmen setzen
auf Hilfe von außen.

Es gibt jedoch noch weitere Gründe, warum mittelständische Unternehmen sich mit dieser Methode auseinander setzen sollten. Der wichtigste ist die
Unternehmensfinanzierung: Nicht erst die Diskussion um Basel II und die
damit verbundene Verschärfung der Kreditvergaberichtlinien für Banken, die
spätestens 2005 umgesetzt sein muss, macht die Kapitalbeschaffung für Mit-

telständler immer schwieriger. Globalisierung und Deregulierung von Märkten, der zunehmende Einfluss der Finanzmärkte auf die Kreditinstitute, die technische Entwicklung in der Daten- und Informationsverarbeitung, der gestiegene Anspruch von Sparern und Investoren sowie der größere Wettbewerb der Banken um Kunden und Anleger haben in den letzten Jahren dazu geführt, dass die Kreditinstitute risikobewusster geworden sind. Und mit Computern, ausgefeilten Datenbanken, zuverlässigen Quellen, Internet und Intranet sowie E-Mail können sie die Risiken, die ein Kreditantrag für sie mit sich bringt, immer schneller erfassen, bewerten und auch kontrollieren.

Die Folge: Für 45 Prozent der Mittelständler haben sich laut Kreditanstalt für Wiederaufbau (KfW) 2002 die Bedingungen für eine Kreditaufnahme im Vergleich zum Vorjahr noch einmal deutlich verschlechtert. Rund ein Drittel des deutschen Mittelstands hat Probleme, überhaupt noch einen Kredit aufzunehmen, einem Achtel ist in den letzten drei Jahren die Bankverbindung gekündigt worden und das obwohl fast alle ihre laufenden Zahlungsverpflichtungen eingehalten haben!

Die Kreditaufnahme scheitert am häufigsten an der Forderung der Bank nach mehr Transparenz und Sicherheiten. Bei den Investitionskrediten nennt der Ablehnungsbescheid der Kreditinstitute meistens eine zu geringe Eigenkapitalquote als Grund. Zwei Drittel der deutschen Mittelständler wollen die Eigenkapitalquote steigern, indem sie mehr von ihren Gewinnen einbehalten.

Six Sigma hilft Gewinne zu steigern, da sich mit verbesserten Prozessen die Kosten reduzieren lassen und gleichzeitig mit einer besseren Produkt- und/oder Dienstleistungsqualität der Umsatz gesteigert werden kann. Hinzu kommt, dass Six Sigma das Unternehmen transparent macht – zuerst für den Unternehmer, dann für den Kunden und letztlich auch für das Kreditinstitut oder für Investoren. Darüber hinaus ist eine Kombination mit ISO-Norm 9001:2000 gut möglich und aus finanzwirtschaftlicher Sicht sinnvoll. Der Mittelstand hat das erkannt: Laut DIHK wollen 46 Prozent der Firmen ihre Unternehmensplanung und -kontrolle verbessern, 35 Prozent wollen ihrer Bank ihr Unternehmen transparent machen sowie die Kommunikation optimieren.

1.1.1 Six Sigma ist Chefsache

Sollen Prozesse effektiv verbessert werden, sollen Fehlerquoten sich Null annähern, ist das Sache der Unternehmensleitung. Sie muss sich eingestehen und sich dessen bewusst werden, dass nicht alles im Unternehmen so läuft, wie es laufen sollte, dass die Fehler und die damit verbundenen Kosten zu hoch sind und dass sich etwas ändern muss. Sie muss den ersten Schritt zu Six Sigma machen und vorbehaltlos hinter dieser Methode stehen – auch wenn im Laufe des Projekts ungeliebte Wahrheiten ans Tageslicht kommen.

Das Management muss dann das Budget für das Projekt festlegen – dabei geht es nicht nur um Geld: Wie lange soll das Projekt laufen? Wer soll daran teilnehmen? Im nächsten Schritt muss die Unternehmensleitung das Vertrauen der Mitarbeiter zu Six Sigma und zum externen Unternehmensberater, der den Prozess unterstützt, aufbauen. Denn: Hören Angestellte, dass eine Prozessoptimierung ansteht, fürchten sie um ihren Job. Dies hat häufig zur Folge, dass der Informationsfluss gestört wird: Die Mitarbeiter versuchen, ihre Arbeit zu beschönigen, ihre Abteilung von aller Schuld rein zu waschen.

Besonders wichtig ist deshalb, dass die Unternehmensleitung ihren Angestellten – egal, auf welcher Hierarchieebene – erfolgreich vermittelt, dass es nicht um Personalabbau geht, sondern um Kundenzufriedenheit, dass nicht Schuld zugewiesen, sondern Qualität verbessert wird. Neben der Unternehmensleitung und den Teilnehmern sind das vorrangig alle Mitarbeiter, die an den Prozessen beteiligt sind, die Six Sigma verbessern soll. In der Regel ist auch das Controlling betroffen, da Projekte sich meist aus finanzwirtschaftlichen Gründen ergeben. Das Management muss den Betroffenen erklären, warum es mit Six Sigma gerade diesen Prozess verbessern will und welche Konsequenzen das haben wird. Damit schafft es Transparenz und stellt sicher, dass andere Abteilungen und die Mitarbeiter das Projekt unterstützen.

Das Management bestimmt im Folgenden detailliert das Projekt, seine Laufzeit, den Kostenrahmen sowie die Projektteilnehmer. Nach jedem der fünf Schritte des DMAIC-Vorgehens berichtet das Projektteam an die Geschäftsführung. Nur so kann sie sicher stellen, dass das Team den Zeit- und Kostenrahmen einhält und das Projekt ein Erfolg wird. In mittelständischen Firmen wird der Chef oftmals persönlich im Team sitzen, womit sich Informationswege kurz halten lassen.

1.1.2 Six Sigma für Lieferanten

Lieferanten – egal, ob im Business-to-Business- oder im Business-to-Consumer-Bereich, sind zwischen zwei Kunden gefangen: Dem Produzenten oder Großhändler und dem Adressaten der Lieferung, einem Unternehmen oder Privathaushalt. Keinen der beiden wollen sie verlieren. Beide müssen sie zufrieden stellen – und sind auf ihre Unterstützung angewiesen. Wenn der

Produzent aufgrund interner Schwierigkeiten den Abholtermin verzögert, kommt die Ware zu spät beim Adressaten an. Ist dieser jedoch nicht erreichbar, ergeben sich wiederum Fehlleistungskosten. Eine leistungsfähige Logistik-Software allein kann diese Probleme nicht aus der Welt schaffen, denn sie ist nur ein Teil des Ganzen und hängt davon ab, von den Mitarbeitern richtig eingesetzt und bedient zu werden.

Six Sigma bildet den gesamten Lieferungsprozess ab: angefangen vom Produzenten, über die Anforderungen an eine Lieferleistung (wie der detaillierten Beschreibung der Waren, der korrekten Adresse des Kunden und den vereinbarten Liefertermin) bis hin zu Details zu Transport, Abholung oder Ablieferung. Das Projektteam erhebt an jeder Station oder Schnittstelle – das heißt also auch bei den Kunden – die Daten über die Lieferung, überprüft und analysiert sie und erarbeitet anhand dieser Fakten eine Lösung. Diese – erst einmal hypothetische – Lösung testet das Six Sigma-Team zunächst in einem Pilotversuch. Erweist sie sich als richtig, implementiert die Firma sie.

Besonders bei Six Sigma für Lieferanten spielt die Kommunikation eine entscheidende Rolle, da auf den hierbei erhobenen Daten der weitere Ablauf aufbaut.

1.1.3 Six Sigma für Produzenten

Produzenten sind darauf angewiesen, dass im Herstellungsprozess möglichst wenige Fehler unterlaufen, denn diese kosten Material, Mitarbeiter- und Maschinenzeit und schließlich Entsorgungskosten. Die Stationen, die bei einem Six Sigma-Projekt in diesem Bereich untersucht werden, sind kritisch: Produktionsfehler können aufgrund mangelhaften Materials, das von Zulieferern kommt, entstehen. Möglich sind aber auch menschliche Fehler, die den eigenen Mitarbeitern unterlaufen, eine falsche Einstellung der Maschinen oder überhaupt der Einsatz einer letztlich nicht geeigneten Maschine. Das Management des Unternehmens muss, bevor das Six Sigma-Projekt startet, Zulieferer und eigene Mitarbeiter von den anstehenden Untersuchungen unterrichten und für ihr Verständnis werben. Nur so ist es möglich, dass dieses Vorhaben wirklich erfolgreich umgesetzt wird.

Das Projektteam erhebt dann aufgrund der Kundenbeschwerden und Reklamationen die Daten bei den Zulieferern, den Mitarbeitern und notiert die Leistungen der Maschinen. Es überprüft sie, wertet sie aus und erarbeitet dann eine Lösung, die zunächst in einem Test ihre Richtigkeit beweisen muss, bevor sie in der Organisation zum Zug kommt.

1.1.4 Six Sigma für Dienstleistungsunternehmen

Service-Firmen stehen von allen hier genannten Unternehmen wohl am stärksten im Fokus ihrer Kunden, denn außer ihrer Dienstleistung haben sie meist kein greifbares Produkt, das sie verbessern können. Und anders als Lieferanten, die von einem Produzenten abhängig sind, bilden Mitarbeiter oder eine technische Infrastruktur oftmals ihre einzige Geschäftsgrundlage. Ist der Service schlecht, wechseln die Kunden meist schnell zur Konkurrenz – Kundenbindung ist hier besonders stark mit der Hauptleistung verbunden. Umso wichtiger ist es deshalb, dass ihr Produkt höchsten Qualitätsansprüchen standhält.

Six Sigma setzt also bei den Mitarbeitern und ihrer Leistung sowie bei den technischen Abläufen und den eingesetzten Ressourcen an. Ist ein Service-Unternehmen nur auf seine Mitarbeiter angewiesen, ist die Datenerhebung besonders kritisch und schwierig: Die Angestellten wissen, dass der Kunde König ist – behandeln sie ihn nicht dementsprechend, gefährden sie ihren Arbeitsplatz. Deshalb werden sie möglicherweise, wenn die Geschäftsführung sie nicht von Six Sigma überzeugt hat, versuchen, falsche oder fehlerhafte Daten liefern. Andererseits sind auch Kunden sensibel, denn ihre Ansprüche sind unterschiedlich: Das, was der eine als Top-Qualität empfindet, ist für den anderen nur Mittelmaß. Deshalb ist es bei einem solchen Six Sigma-Projekt besonders wichtig, im Vorfeld die angestrebte Kundenzufriedenheit detailliert zu definieren und festzulegen. Erst dann kann mit der Datenerhebung, ihrer Analyse und der Lösungsfindung sowie deren Einbindung im Unternehmen begonnen werden.

1.1.5 Six Sigma für Entwickler – Design for Six Sigma (DFSS)

Design for Six Sigma (DFSS) hilft Unternehmen dabei, Produkte und Services zu entwickeln, die von vornherein fehlerfrei sind. Auf diese Methode setzen laut Internetportal www.sixsigma.us Unternehmen wie 3M, Intel, HP, Seagate, Lexmark und viele andere, die vor allem im technischen, Computer- oder Consumer Electronics-Bereich angesiedelt sind. Bei DFSS kommen alle statistischen Ansätze des »normalen« Six Sigma zum Einsatz. Der Unterschied: Das Zahlenmaterial kann nur aus vergangenen Entwicklungsprozessen abgeleitet oder am Reißbrett errechnet werden. Deshalb sind für diesen Prozess weitere statistische Ansätze notwendig, die mögliche Fehlerquellen eliminieren. DFSS hat jedoch nicht nur bessere Produkte und Services zum Ziel, sondern will den Entwicklungsprozess selbst effizienter machen: Er wird kostengünstiger, kürzer und schafft eine kollektive Wissensbasis, zu der alle Abteilungen im Unternehmen beitragen – die aber auch alle Unternehmenseinheiten nutzen können. Das führt letztlich dazu, dass ein Unternehmen seine teuren Entwicklungsingenieure schneller bei neuen Projekten einsetzt, dadurch zügiger neue Produkte auf den Markt bringen kann und letztlich wettbewerbsfähiger wird.

1.1.6 Six Sigma-Rollen –
Braucht der Mittelstand Master Black Belts?

Die Six Sigma-Methode ist nicht einfach ein System, das einem Unternehmen übergestülpt wird, sondern sie fordert eine kulturelle Veränderung der Organisation: Das Management muss willens sein, nach Fehlern zu suchen und – möglicherweise – jahrelang angewendete Prozesse zu verändern. Und es muss voll und ganz hinter Six Sigma stehen. Leitende Angestellte und Mitarbeiter müssen bereit sein, sich weiterzubilden. Aber das allein reicht nicht. Um Six Sigma gezielt und erfolgreich einsetzen zu können, ist externe Hilfe – in Form eines Six Sigma-geschulten Unternehmensberaters – in den meisten Fällen unverzichtbar. Mit dem Beauftragen von geschulten Beratern wird nach innen die Bedeutung des Projekts unterstrichen. Vor allem bringt ein Berater jedoch Know-how in die Firma, das vorhandene interne Kapazitäten gar nicht haben können.

Der Berater kann und muss die Methode für die Bedürfnisse der mittelständischen Firma maßschneidern: Dazu gehört auch, dass er sich gegebenenfalls selbst im Blaumann an eine Maschine stellt. Unabdingbar ist, dass er die Six Sigma-Rollen – Green, Black und Master Black Belt – den Projekterfordernissen entsprechend ausbildet und einsetzt. Anders als in Großunternehmen können es sich viele mittlere Unternehmen aus Kosten- und Zeitgründen nicht leisten, Projektteilnehmer zu Black Belts auszubilden. Erst wenn das Unternehmen sein Six Sigma-Projekt erfolgreich abgeschlossen hat und plant, weitere Prozesse mit dieser Methode zu verbessern, ist die Investition in eigene Black Belts lohnenswert.

Angelehnt an asiatische Kampfsportarten existieren je nach Ausbildung der Mitarbeiter unterschiedliche Grade, symbolisiert durch zwei verschiedenfarbige Gürtel: grün und schwarz; drei Qualifikationen können sie erreichen: Green Belt, Black Belt und Master Black Belt, die oberste Ausbildungsstufe. Inzwischen haben sich auch Mischformen ausgebildet, je nach Intensität der Schulung und je nach Einsatz im Unternehmen. Gleichwohl ist die Fixierung auf die Rollen für Mittelständler zweitrangig, wichtig ist, dass die Projektmitglieder möglichst effizient ihr Know-how bezüglich der Six Sigma-Methodik aufbauen.

Die Schulung der Mitarbeiter zu Green Belts kann während des Projekts erfolgen. Green Belt bedeutet, diese Mitarbeiter können eigenständig mit Six Sigma arbeiten, es aber nicht schulen. Der Green Belt ist in der Lage die Grundwerkzeuge der Statistik einzusetzen; er arbeitet an weniger komplexen Projekten mit. In den meisten Fällen ist er der Mitarbeiter des Black beziehungsweise Master Black Belt.

Der Black Belt beherrscht nicht nur die statistischen Werkzeuge und kann sie anwenden, er kann zudem das damit gewonnene Datenmaterial auch analysieren. Der Master Black Belt schließlich besitzt das Wissen des Black Belts, kann jedoch andere ausbilden und Six Sigma-Projekte beurteilen.

1.2 Six Sigma und ISO-Zertifizierungen

Die Six Sigma-Methode lässt sich effizient mit den ISO-Standards 9000, 9001:2000 und ISO/TS 16949:2002 kombinieren. Diese internationalen Standards sind Qualitätsmanagementsysteme (QMS), die das Ziel haben, Prozesse zu standardisieren und zu optimieren, um Kundenerwartungen und -bedürfnisse zu erfüllen. Ursprünglich haben sie nicht direkt zum Ziel, Produkte zu verbessern; allerdings erreichen sie das letztendlich doch, indem sie eben das Qualitätsmanagement verbessern.

Die International Standards Organization (ISO) in der Schweiz hat Bedingungen für QMS erarbeitet und standardisiert, die mittlerweile weltweit mehr als 130 Länder anerkennen. Unternehmen erhalten die Zertifizierungen erst dann, wenn sie nachweisen können, dass sie die Fähigkeiten besitzen, Produkte herzustellen, die Kunden- und gesetzliche Normen erfüllen. Plus: Die Firmen müssen beweisen, dass sie die Kundenzufriedenheit erhöhen wollen durch die effektive Anwendung eines Systems – das sie ständig verbessern.

Six Sigma und ISO 9000 und 9001:2000 überschneiden sich in folgenden Punkten: Sie wollen beide das QMS kontinuierlich weiterentwickeln, sie stellen den Kunden in den Mittelpunkt und wollen seine Erwartungen erfüllen. Dazu messen sie anhand von statistischen Methoden seine Zufriedenheit (etwa über die Auswertung von Hotline-Anrufen, Garantiefällen oder anfallenden Aufgaben im Customer Service). Gleichzeitig messen sie ihre eigenen Prozesse immer wieder, überprüfen die dafür notwendigen statistischen Werkzeuge und ihre Anwendung sowie das gewonnene Zahlenmaterial. Im nächsten Schritt verbessern sie anhand dieser Daten die Prozesse und damit das Produkt.

Die Unterschiede zwischen Six Sigma und ISO 9000 und 9001:2000 sind jedoch gewaltig und überwiegend finanzwirtschaftlicher Natur: Während die internationalen Standards nur den Rahmen für das Qualitätsmanagement – und letztlich für die Qualität von Produkten – vorgeben, geht Six Sigma weiter: Diese Methode ist ein effektiver Weg, den Qualitätsstandard zu erreichen und langfristig zu halten, gleichzeitig die Prozesskosten zu senken und Business Excellence zu erreichen. Die Standards betreffen das gesamte Unternehmen – Six Sigma kann auch für kleinere Projekte und damit sehr viel gezielter eingesetzt werden.

Gleiches gilt auch für ISO/TS 16949:2002 – den neuen Standard für die Automobilhersteller und ihre sämtlichen Zulieferer. Er definiert die QMS-Bedingungen für Design und Entwicklung, Produktion, Installation und Services in dieser Branche. Ford, DaimlerChrysler und General Motors wollen ihn in den nächsten drei Jahren für sich und alle ihre Zulieferer verpflichtend einführen.

Fazit: Unternehmen können Six Sigma einsetzen, bevor sie sich überhaupt um eine ISO-Zertifizierung der oben genannten Standards bemühen. So können sie von vornherein ihre Prozesse nicht nur an den Kundenerwartungen ausrichten, sondern gleichzeitig ihre Kosten senken und teure Fehlleistungen vermeiden. Doch auch für bereits ISO-zertifizierte Unternehmen lohnt sich Six Sigma: Denn sie verfügen aufgrund des bereits vorhandenen QMS über ein umfangreiches Datenmaterial, statistisch geschulte Mitarbeiter und können die Methode mit weniger Anlaufkosten in ihrer Organisation implementieren.

1.3 Six Sigma in der Praxis

16 Milliarden US-Dollar will Motorola innerhalb von 15 Jahren mit Six Sigma eingespart haben. Laut Charles Waxer hat die Methode General Electric innerhalb von vier Jahren 4,4 Milliarden Dollar an Einsparungen gebracht und Allied Signal – heute Honeywell – soll innerhalb nur eines Jah-

res 500 Millionen Dollar durch Six Sigma gespart haben. Das mittelständische Unternehmen PVT in Thüringen, das Handschuhfächer, Mittelkonsolen und Innenraumverkleidungen für die Automobilhersteller Daimler-Chrysler, Audi und BMW liefert, setzte die Methode sehr schnell nach seiner Gründung im Jahr 1999 ein. Die Motive: Der harte Wettbewerb unter den Zulieferern in der Branche und die überwiegend fachfremden Mitarbeiter. Die meisten Angestellten kamen laut *MM – Das Industriemagazin* direkt aus der Arbeitslosigkeit zu PVT, waren mit modernen Produktionsprozessen und Managementmethoden überhaupt nicht vertraut.

Das Management entschied sich für Six Sigma, weil sich diese Methode klar am Unternehmensertrag orientiert. Als erstes mussten die Prozesse im Unternehmen neu gestaltet und ein Kennzahlensystem entwickelt werden. Kurzfristig wollte PVT mit Six Sigma die Verfügbarkeits-, Qualitäts- und Produktivitätsverluste dauerhaft reduzieren, die Durchlaufzeiten in der Serienfertigung und bei Produktanläufen verkürzen. Dazu nutzte das Management Six Sigma über alle Mitarbeiterebenen hinweg. An allererster Stelle stand jedoch die offene Kommunikation mit den Angestellten über die angestrebten Veränderungen. Die Geschäftsführung erklärte dem Personal die komplexen Unternehmensprozesse und die Zusammenhänge zwischen Produktion und Qualität, Wettbewerb und Kunden, Umsatz und Gewinn und erreichte so, dass Teamgeist entstand und alle an einem Strang zogen.

Nachdem das Managementplanungs-, Steuerungs- und Berichtssystem stand und ein bereichsübergreifendes Kennzahlensystem eingeführt war, richtete sich das Six Sigma-Projekt auf den Materialausschuss, die Anlageneffizienz sowie die Personalproduktivität. Dafür wurden Mitarbeiter geschult, die zusammen mit einem Unternehmensberater das Datenmaterial erhoben. Das Resultat: die Leistung verbesserte sich, das Betriebsergebnis stieg innerhalb des achtmonatigen Projekts um 18,9 Prozent. Innerhalb von neun Monaten hatte das Unternehmen die Kosten für die Berater hereingeholt. Jetzt arbeitet PVT auf die ISO/TS 16949:2002-Zertifizierung hin. Mit Six Sigma, so die Geschäftsführung, habe sie das beste Fundament gelegt, um dieses Ziel schnell zu erreichen.

Der Mittelstand entdeckt Six Sigma: Unternehmen wie die Tenneco Automotive in Edenkoben und Berger Lahr in Lahr setzen bereits auf die Methode, um Prozesse zu optimieren und ihre Gewinne zu steigern.

1.4 Definieren, Messen, Analysieren, Verbessern und Kontrollieren: In fünf Schritten zu weniger Fehlern

Six Sigma verbessert in fünf Schritten die Qualität von Prozessen und Produkten. Der erste Schritt ist *Define* – Definieren: Zusammen mit der Geschäftsführung wählt ein Team von leitenden Angestellten ein Projekt für die angestrebte Verbesserung aus und definiert es detailliert. Dabei beschreiben die Teilnehmer, was sie verbessern wollen und woran sie die Verbesserung messen wollen. Das erfordert zunächst einen Überblick über die Geschäftssituation sowie eine detaillierte Beschreibung, was das Management von dem Projektteam erwartet. Festgehalten wird dies in einem so genannten Projektauftrag. Hier wird auch der finanzielle Rahmen festgehalten, die Problemstellung, das Projektziel, sein Umfang, die Teammitglieder und ihre Rollen, die jeweiligen Meilensteine und die jeweils erwarteten Resultate sowie schließlich die Unterstützung, die das Projektteam eventuell vom Management oder anderen Unternehmensbereichen benötigt. Der Projektauftrag sorgt dafür, dass das Projektteam gezielt vorgeht und stellt so sicher, dass es den Prioritäten des Unternehmens Rechnung trägt.

Im Mittelpunkt von Six Sigma steht der Kunde: Ziel des Projektteams ist herauszufinden, was der Kunde erwartet und mit welchem Produkt oder welcher Leistung er sich bislang zufrieden geben musste. Grundlage hierfür sind Gespräche mit dem Kunden, aber auch Daten über bisherige Beschwerden, Anfragen und Garantiefälle.

Im nächsten Schritt *Measure* – Messen – bestimmt das Projektteam die Ursachen für die Probleme und die aktuelle Qualität anhand von Daten und Fakten. Es zieht das Zahlenmaterial heran, das über diesen Prozess bereits existiert und es erhebt selber neue Daten. Dazu muss das Team qualitätsrelevante Messgrößen identifizieren und wissen, wie es die einflussreichsten Messgrößen auswählt. Die Visualisierung des Prozessflusses bezüglich unterschiedlicher Merkmale in der Wertschöpfung stellt neben der Ermittlung von Kennzahlen für den Prozess ein wichtiges Werkzeug dar. Dabei wird das Projektteam feststellen, welche Parameter es für seine Arbeit braucht. Möglicherweise treten dabei auch Problemstellungen zu Tage, die sich sonst nicht ergeben hätten.

Dieser zweite Schritt des Six Sigma-Prozesses ist der aufwändigste, weil das Projektteam vorhandenes Datenmaterial analysieren, Daten selbst erheben muss – und zwar so, dass bei der Erhebung Fehler ausgeschlossen sind –, das Zahlenmaterial schichten und letztlich grafisch darstellen muss. Dabei kommt eine Vielzahl von statistischen Prozessen und Materialien zum Einsatz, immer mit dem Ziel, wirklich relevantes Zahlenmaterial zu erhalten, anhand dessen letztlich Fehler erkannt und behoben werden. Das Projektteam kontrolliert immer wieder seine Methoden, um sicher gehen zu können, dass die Daten genau sind. Es stellt Abweichungen fest und interpretiert diese.

Der dritte Schritt des Projekts, *Analyse*, ist das Analysieren des umfangreichen Zahlenmaterials, das die Projektteilnehmer beim Messen des Prozesses erhoben haben. Aufgrund dieser Daten, Zahlen und Fakten versteht das Team nun die derzeitigen Prozessbedingungen und die Probleme. Es kann die Frage des Managements, warum dieses Problem auftritt, beantworten sowie Ursache und Wirkung darstellen. Die Teilnehmer stellen im Analyse-Prozess Theorien über die eigentlichen Ursachen des Problems auf und bestätigen oder verwerfen diese anhand des Zahlenmaterials.

Die Ursachen, die sich als am wahrscheinlichsten herauskristallisieren, sind die Basis für die Lösungsfindung im vierten, *Improve* genannten Schritt. Das Projektteam filtert die dafür relevanten Daten heraus und erarbeitet Pläne für die detaillierte Umsetzung der Lösung. In Pilotprojekten verifizieren die Teilnehmer, ob die gefundene Lösung tatsächlich das Problem beseitigt und ob ihre Implementierung optimal ist.

Der letzte Six Sigma-Schritt *Control* – Kontrolle – hat den langfristigen Erfolg zum Ziel. Hier geht es um Steuerung und dauerhaftes Qualitätsmanagement. Die Unternehmensleitung standardisiert die gefundene Lösung. Das Projektteam bleibt in diesem Schritt im Einsatz und übernimmt folgende Aufgaben: Es dokumentiert Änderungen, überwacht die neuen Prozesse und erhebt wiederum Vergleichsdaten. Diese werten die Teilnehmer aus und bewerten daraufhin die Lösung.

1.5 Praxisbeispiel: Six Sigma im Mittelstand

In diesem Kapitel wird an einem konkreten Beispiel aus der Praxis die Umsetzung eines Six Sigma-Projekts skizziert. Umfassendere Details zu den einzelnen Projektschritten werden in den darauf folgenden Kapiteln ausgeführt – hier geht es zunächst um einen komprimierten Überblick in Form eines Berichts.

Ausgangssituation

In einem mittelständischen Verlag wurden Zeitschriften zu unterschiedlichen Themen produziert. Zur Zeit der Betrachtung wurden zwei vierwöchige und zwei vierzehntägige Magazine hergestellt. Die Einhaltung der Termine für den Versand der Daten an die Druckerei bereitete Probleme innerhalb der Produktion der Magazine. Die Planung der Versandtermine wurde mit der Druckerei jährlich abgesprochen. Diese Termine dienten wiederum für die Planung der Produktion der Magazine. Doch so gut wie nie wurden die Termine für den Versand eingehalten, es kam immer zu Verzögerungen. Eine genaue Analyse der Ursachen hatte es bis jetzt noch nicht gegeben.

Die »Schuldfrage« führte zu einem angespannten Betriebsklima. Oftmals wurden die Redakteure dafür verantwortlich gemacht, dass die Artikel nicht rechtzeitig fertig wären und es somit zu Verzögerungen käme. Die Mitarbeiter, die für die Abnahme der Artikel zuständig waren – beispielsweise Chefredakteur, Ressortleiter, Textchef, Schlussredakteur, Chef vom Dienst und Art Director – mussten unter erheblichem Zeitdruck am Ende der Produktion kurz vor dem Datenversand die Artikel kontrollieren. Mussten dann noch Korrekturen vorgenommen werden, kam es unweigerlich zum Terminverzug. Eine Verzögerung ließ sich dann meist nur noch durch Mehrarbeit in Form von Überstunden vermeiden. Da diese Überstunden in Form von Freizeit ausgeglichen werden mussten, reduzierte sich die personelle Kapazität durch die mangelnde Termintreue noch weiter. Hinzu kam, dass Mitarbeiter die ihre Termine einhielten, oftmals dafür eingesetzt wurden, andere zu unterstützen. Die eigene Vorbereitung auf die nächste Produktion wurde somit erschwert und das termingerechte Arbeiten auf diese Weise eher bestraft als belohnt.

Die Produktion befand sich in einer Art Teufelskreis aus verspätetem Versand und verspätetem Beginn der neuen Produktion. Innerhalb der Mitarbeiter wuchs die Unzufriedenheit mit der Situation, wie sich aus einer Befragung bei allen Magazinen ergeben hatte. Dass an dieser Situation etwas geändert werden musste, war allen Beteiligten klar.

Die Entscheidung für Six Sigma

Im Rahmen der jährlichen Personalplanung des Verlages stand die Geschäftsführung nun vor der Frage, ob die aktuellen personellen Kapazitäten ausreichten oder ob etwas am Ablauf der Produktion geändert werden müsste. Nur durch vermehrte Überstunden steigerten sich die Produktionskosten im Jahr 2000 um etwa 110 000 Euro. Hinzu kamen die Kosten, die die Druckerei für den verspäteten Versand der Daten berechnete, da auch ihre Produktionsplanung durch die anhaltenden Verzögerungen gestört wurde.

Die Geschäftsleitung suchte nach einem Ausweg aus der Situation. Man entschied sich, vor einer möglichen Erhöhung der Personalkapazität zuerst eine Optimierung des Produktionsablaufes durchzuführen. Wichtig war es der Geschäftsführung, gemeinsam mit den Mitarbeitern eine Optimierung der Produktion anzustreben. Man erhoffte sich dadurch auch, das angeschlagene Betriebsklima wieder zu verbessern. Aus einer Reihe von möglichen Verbesserungsansätzen wählte man die Six Sigma-Methodik. Der Einsatz von Six Sigma schien zu Beginn der Diskussion über die Auswahl der Verbesserungsmethode eher auf Ablehnung zu stoßen, weil der doch sehr auf Kennzahlen basierende Ansatz nicht in den »kreativen« Prozess eines journalistischen Magazins zu passen schien. Die Methoden aus dem Bereich des Qualitätsmanagements waren den Mitarbeitern zum großen Teil unbekannt. Bedenklich schien ihnen auch, dass durch die intensive Projektarbeit die personellen Ressourcen weiter eingeschränkt würden. Zumal bei dieser Variante klar war, dass man sich auf jeden Fall externe Unterstützung in das Unternehmen holen musste. Man entschied sich, den Vorschlag einer Prozessoptimierung mithilfe von Six Sigma an die Mitarbeiter weiterzuleiten und ihre Meinung dazu einzuholen.

Vorstellen des Six Sigma-Projekts

Es wurde ein erstes Konzept zur Durchführung eines Six Sigma-Projekts erstellt. Ziel war die Durchführung eines Pilotprojekts, um die Termintreue im Produktionsprozess zu verbessern. Eine Ausweitung der Six Sigma-Systematik im Unternehmen wurde vorerst nicht angestrebt. Als angenehmen Nebeneffekt plante das Management, einige Werkzeuge aus der Six Sigma-Systematik im Unternehmen einzuführen. Zusätzlich wurde aus der Terminplanung des letzten Jahres eine Termintreue von nur 20 Prozent errechnet. Das heißt, dass nur 20 Prozent der produzierten Artikel termingerecht beendet wurden. Dass in diesem Prozess Handlungsbedarf bestand, war nun auch zahlenmäßig offensichtlich.

Das Konzept zur Vorgehensweise der Prozessoptimierung mithilfe von Six Sigma wurde den verantwortlichen Produktionsleitern aller Magazine in einer Diskussionsrunde vorgestellt. Trotz der Bedenken zur Kapazität der Mitarbeiter einigten sich alle Teilnehmer der Runde darauf, dass man an dem Produktionsablauf eines vierzehntägigen Magazins das Projekt durchführen sollte.

Als Zielstellung für das Six Sigma-Projekt, wurde die Optimierung des Produktionsprozesses eines vierzehntägigen Magazins festgelegt. Projektziel war die Steigerung der Termintreue auf mindestens 70 bis 80 Prozent.

Die Auswahl des Projektteams

Das Projektteam bestand aus den Mitarbeitern eines Magazins, Projektleiter war der verantwortliche Chefredakteur. Der Teilnehmerkreis bestand insgesamt aus vierzehn Personen, und zwar vier Redakteuren, zwei Grafikern, Ressortleiter, Chef vom Dienst (CvD), Textchef, Schlussredakteur, dem leitenden Art Director sowie dem Chefredakteur als Projektleiter, einem externen Berater und der Geschäftsführung. Über direkte Erfahrungen in Sachen Projektarbeit und Prozessoptimierung verfügte keiner der Teilnehmer. Deshalb galt es von Beginn an, den Vorbehalten gegen einen zusätzlichen Aufwand an Arbeitszeit entgegenzuwirken. Deshalb wollte die Geschäftsführung den betroffenen Mitarbeitern von Anfang an zeigen, dass sie sich intensiv mit dem Problem der steigenden Überstunden und der mangelnden Kapazität an personellen Ressourcen auseinander setzen möchte. Dies sollte aber auf Basis messbarer Daten und Fakten geschehen. Um den Produktionsprozess besser an die Mitarbeiter anpassen zu können, ist – so die Argumentation der Geschäftsführung – eine Mitarbeit der Prozesskenner zwingend notwendig. Die Kenntnisse der Teammitglieder bezüglich der in der Six Sigma-Systematik eingesetzten Werkzeuge war zwangsläufig gering. Deshalb mussten sich der Projektleiter und der Six Sigma-Experte bei der Planung zum Einsatz der Werkzeuge Gedanken darüber machen, mit welchen dieser Werkzeuge die Projektarbeit am effektivsten zu bewältigen war. Klar war bereits vorab, dass nur wenige aussagekräftige Daten und Messgrößen vorlagen und die Erhebung neuer Daten sehr aufwändig werden würde. Die Erarbeitung der Verbesserung sollte deshalb überwiegend mit Werkzeugen aus der Prozessanalyse erfolgen.

Definieren-Phase: Den Projektrahmen festlegen

Mit der Einladung zum Workshop wurde das Ziel des Projekts und die Six Sigma-Systematik in kurzen Worten vorgestellt.

Nach der Erstellung des Projektauftrages mithilfe der Geschäftsführung, dem Chefredakteur und dem externen Six Sigma-Spezialisten wurde ein Start-Workshop für das Six Sigma-Projekt durchgeführt. Teilnehmer waren alle, die an der Produktion des ausgesuchten Magazins in irgendeiner Form beteiligt waren. Die Geschäftsführung machte in ihrer Einleitung allen am Projekt Beteiligten klar, dass für eine Lösung der Problemstellung »Optimierung des Produktionsablaufes« jegliche Unterstützung geleistet werden solle. Es ginge nicht darum, Schuldige zu finden, sondern den Produktionsprozess langfristig effizienter und damit zum Vorteil aller zu gestalten. Dabei war man auf die Unterstützung aller angewiesen.

In der Phase Definieren wurde dem Projektteam der Projektauftrag vorgestellt, Sinn und Zweck des formalen Auftrages erläutert. Nach anschließender Diskussion wurde der Auftrag gemeinsam festgeschrieben. Als Projektauftrag wurde die Optimierung des Produktionsablaufes des Magazins formuliert. Das Ziel des Projekts sollte die Sicherstellung der Termintreue der Produktion und gleichzeitig eine Optimierung des Produktionsablaufs sein. Die Aufgabenstellung für das Projektteam war eine Analyse des Produktionsablaufs, Aufnahme der derzeitigen Termintreue und weiterer aussagekräftiger Prozessdaten (First Pass Yield), eine Optimierung des Ablaufs und die Implementierung eines geeigneten Kontrollsystems für eine termingerechte Produktion. Als Projektgrenzen wurden festgelegt: Es wird der Produktionsprozess eines vierzehntägigen Magazins analysiert. Die Bildkonferenz und Themenkonferenz werden dabei nicht miteinbezogen. Aufgrund der intensiven Vorarbeit und unter Berücksichtigung der weiterlaufenden Produktion wurde ein Zeitrahmen von drei Monaten veranschlagt.

Der Einsatz der Werkzeuge in der Phase Definieren

Das Projektteam erstellte im ersten Schritt eine Kunden-Lieferanten-Analyse (SIPOC: Supplier-Input-Process-Output-Customer). So erhielt das Team einen ersten Überblick über den groben Prozessablauf sowie über die Lieferanten, Kunden, Eingangsgrößen (Inputs) und Ausgangsgrößen (Outputs). Festzustellen war, dass es sich fast ausschließlich um interne Lieferanten und Kunden handelt, die am Prozess beteiligt sind. Gleichzeitig wurden die Dokumente – beispielsweise Vorlagen, Skizzen, Dateien und Bilder – gekennzeichnet, die im Prozess eingesetzt wurden.

Im Anschluss an die Kunden-Lieferanten-Analyse nahm das Team die Anforderungen der Kunden an den Prozess auf.

Die am wichtigsten gewerteten Kundenanforderungen waren die Einhaltung der Termine innerhalb der Produktion, die Erreichbarkeit der Mitarbeiter bei Nachfragen, ein ausführliches Briefing der Redakteure, eindeutige Vorgaben an Text und Layout und möglichst wenig Änderungen an Text und Layout im laufenden Prozess.

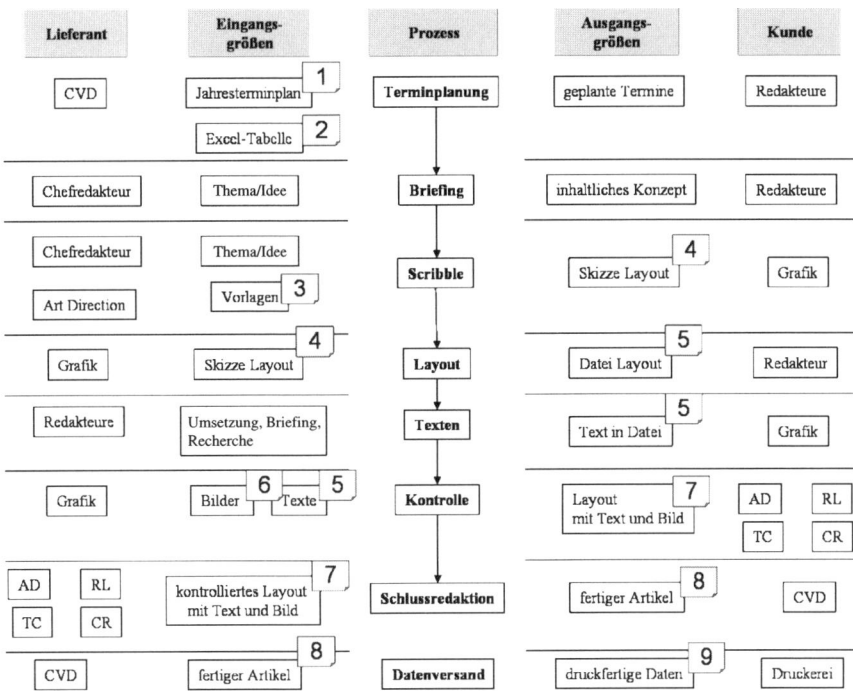

Abbildung 1: Kunden-Lieferanten-Analyse (SIPOC) als erster Überblick über den Prozessablauf

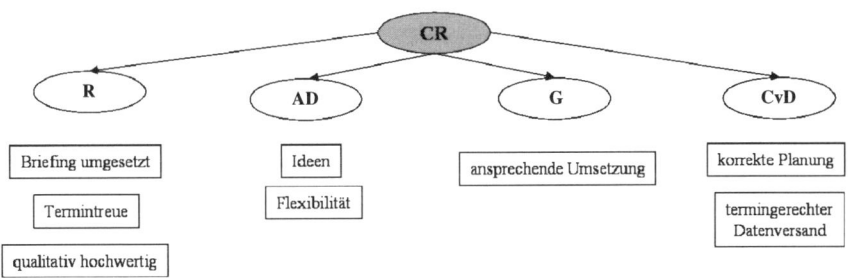

Abbildung 2: Ausschnitt aus den Anforderungen von Kunden an Lieferanten

Nach Sammlung, Sortierung und Bewertung der Kundenanforderungen ergaben sich als Hauptkategorien: eingehaltene Termine und klare Vorgaben (vollständige Informationen).

Diese Kategorien wurden anschließend mithilfe eines Treiberbaumes in kritische Qualitätsmerkmale (Critical to Quality) »übersetzt«. Als Treiber der

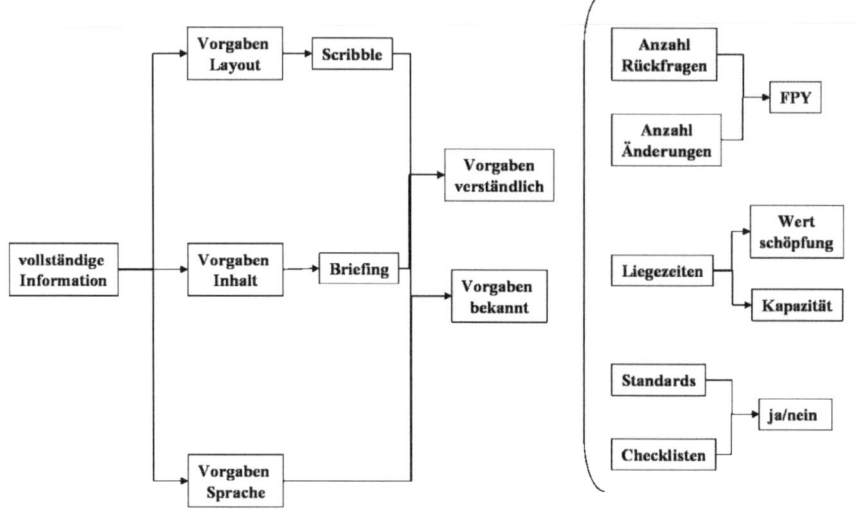

Abbildung 3: Treiberbaum mit kritischen Qualitätsmerkmalen

Termintreue identifizierte das Projektteam zum einen die Terminplanung und zum anderen die Vollständigkeit der Information. Der Treiberbaum machte darüber hinaus die kritischen Qualitätsmerkmale für den letztgenannten Treiber deutlich: nämlich, ob die Mitarbeiter Kenntnisse von den Vorgaben – sei es in Form von Checklisten, Layout-Skizzen oder standardisierten Layout-Vorlagen – haben und wie tiefgehend diese sind. Weiterhin konnten die Anzahl der Änderungen beziehungsweise Nachfragen und die Wartezeiten als mögliche Messgrößen für die Vollständigkeit der Information verwendet werden.

Für den Treiber »Terminplanung« kamen als Messgrößen folgende Parameter in Frage:

- die Kapazität an Mitarbeitern,
- die Verteilung der Artikel auf die Redakteure unter Berücksichtigung der Komplexität der Inhalte,
- ein zeitlich gleichmäßiger Verlauf und Umfang der Abnahmen durch Chefredakteur, Ressortleiter, Textchef und so weiter,
- die Anzahl der Überstunden,
- die Häufigkeit und Dauer des Terminverzugs und
- der Einsatz von externen Mitarbeitern beziehungsweise von zusätzlichen Ressourcen.

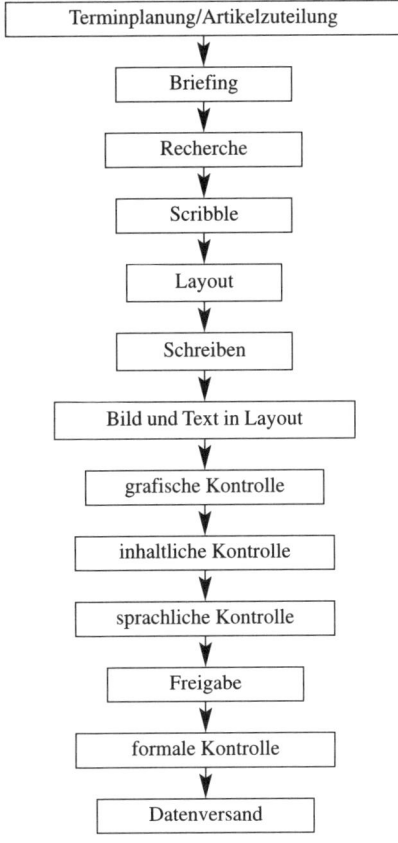

Abbildung 4: Detaillierter Prozessablauf

Die Übersetzung der Kundenanforderungen in messbare Größe war – wie so oft in administrativen Prozessen – relativ schwierig. In diesem Fall, der aus vielen kreativen Prozessschritten bestand, war von Anfang an klar, dass die Anzahl der aussagekräftigen Messgrößen relativ gering sein wird. Das Projektteam musste sich stärker auf die Analyse des Prozessflusses selbst konzentrieren. Deshalb entwickelte es bereits in dieser Phase des Projekts einen detaillierten Prozessablauf. Der Vorteil: Allen Projektmitarbeitern ist nun der gesamte Produktionsablauf bekannt und gleichzeitig wird dadurch die spätere Auswahl der Messgrößen, die Einfluss auf die Termintreue haben, erleichtert. Die Phase Definieren war damit abgeschlossen.

In der Phase Messen erstellte das Projektteam zu Beginn ein Ursache-Wirkungs-Diagramm (Ishikawa-Diagramm). Eine Bewertung ergab folgende Liste der einflussreichsten Ursachen:

- unklare und unpräzise Vorgaben im Bereich Inhalt und Layout,
- wenig effektive Teambesprechungen,
- zu viele und zu kurzfristige Änderungen im Bereich Inhalt und Layout innerhalb der Prozesskette,
- zu wenige mögliche Standardisierungen im Bereich Layout,
- zu viele Sitzungen der Verantwortlichen, die nicht mit der Produktion in Zusammenhang stehen und somit die Kommunikation erschweren.

Zudem stellte das Projektteam fest, dass die Einhaltung der Termine nicht effektiv kontrolliert wurde.

Im Anschluss an diese Bewertung wählte das Team mithilfe einer Ursache-Wirkungs-Matrix (Cause&Effect-Matrix), die die Kundenanforderungen einbezieht, diejenigen Messgrößen aus, mit denen sich die Ursachen für mangelhafte Termintreue genauer beschreiben lassen und die eine Berechnung der derzeitigen Prozessfähigkeit ermöglichen. Dabei mussten die Teammitglieder beachten, dass eine umfangreichere Aufnahme von neuem Datenmaterial nicht infrage kam. Das Team erstellte einen Datenerhebungsplan, der die Messgrößen genauer spezifizieren sollte. Die grundlegenden Fragen waren:

- Sind die Vorgaben in Form von Checklisten oder ähnlichem vorhanden, die den Redakteuren für das Abfassen der Artikel als verbindlicher Leitfaden dienen?
- Sind den Redakteuren die Vorgaben bekannt?
- Sind die Vorlagen bezüglich ihrer Anforderungen an Form und Sprache der Artikel präzise genug und verständlich?
- Werden die Artikel in Umfang und Komplexität des Themas gleichmäßig genug auf die Redakteure verteilt?
- Entspricht die Kapazität der Ressourcen der Prozesskapazität, also der vierzehntägigen Produktion?

Probleme bereitete aufgrund der mangelnden Kennzahlen die Berechung der Prozessfähigkeit. Dem Projektteam lagen nur die Daten vor, die Aussagen über den Terminverzug der einzelnen Artikel ermöglichten. Daraus konnte es die Termintreue der einzelnen Produktionen identifizieren.

Zur Berechnung einer weiteren Kennzahl der Prozessfähigkeit, dem First Pass Yield, entschloss man sich, eine Datenaufnahme während der Arbeitszeit durchzuführen. Mithilfe eines Datenerfassungsblatts sollten die Mitarbeiter während einer vierzehntägigen Produktionsphase laufend Aufzeichnungen zur effektiven Arbeitszeit an einzelnen Artikeln, zu Liegezeiten, zur Anzahl von Nachfragen und zur Anzahl von Änderungen machen. Ursprünglich waren zwei Produktionsphasen angedacht, um eine größere Stichprobe zu erhalten und somit sicherer in der Bewertung des Prozesses sein zu können. Das Projektteam musste dazu jedoch abwägen, ob die Mitarbeiter bei der zweiten Aufnahme die Aufzeichnungen noch sorgfältig genug machen würden. Falls nicht, würde die sich daraus ergebende Ungenauigkeit das Ergebnis verfälschen. Deshalb entschloss man sich, aufgrund der zusätzlichen Arbeitsbelastung nur eine Produktionsphase aufzunehmen. Die Untersuchungen zum Thema Vorgaben und Verständlichkeit wurden anhand von Befragungen und Einsicht in den derzeitigen Vorgabenstand erhoben.

Nach der Datenerhebung trug das Projektteam die Ergebnisse zusammen und führte zusammen mit dem Projektleiter und unterstützt von dem Six Sigma-Experten erste Berechnungen und Analysen durch. Die Phasen »Messen« und »Analysieren« ließen sich in diesem Projekt – wie so oft in der Praxis der Six Sigma-Systematik – nur schwer trennen.

Die Teammitglieder berechneten den First Pass Yield der Produktion. Hier ergab sich ein Wert von 12,3 Prozent, der im Vergleich mit Ergebnissen aus reinen Fertigungsprozessen extrem niedrig erscheint, in administrativen Prozessen aber nichts Außergewöhnliches ist. Dieses Ergebnis ergibt – ausgedrückt in der Kennzahl der Six Sigma-Methodik – einen Sigma-Level von 0,3. Diese Zahl wurde aber nicht kommuniziert, da die Datenmenge und die Voraussetzungen für die Berechnungen nicht seriös gegeben waren.

Für den aufgenommenen Produktionsprozess hieß das aber, dass nur 12,3 Prozent der Artikel ohne Nacharbeiten auskamen. Dies war ein erstes Indiz dafür, dass die Nacharbeiten ein Hauptverursacher der Terminverzögerung waren. Eine weitere Analyse ergab, dass die Nacharbeiten weniger durch die grafische Abteilung entstanden, sondern am Ende der Produktion die Abnahme durch die Chefredaktion für die Terminverzögerung verantwortlich war. Das konnte die Hypothese bestätigen, dass die Redakteure nicht ausreichend über die Standards und Vorgaben des Magazins informiert waren. Auf Basis dieser Daten untersuchte das Projektteam weitere mögliche Zusammenhänge. Dabei stellte es fest, dass es keinen Zusammenhang zwischen der Länge der Artikel und der Häufigkeit des Terminverzugs gab: Kurze Artikel verzögerten sich in ihrer Fertigstellung genauso oft wie längere. Die Auswirkungen sind aber weniger gravierend, weil die Abnahme durch die Verantwortlichen leichter kompensiert werden konnte, als dies bei mehrseitigen Artikeln der Fall war. Die Standardisierung von Artikeln und die Einhaltung der Termine ergab aber einen signifikanten Zusammenhang.

Dieses Ergebnis und die Resultate der Befragungen bezüglich der Transparenz oder des Vorhandenseins von Vorgaben belegte auch wieder die Hypothese, dass eine detaillierte, verständliche und mit allen Beteiligten festgelegte Vorgabe die Basis für Termintreue sei.

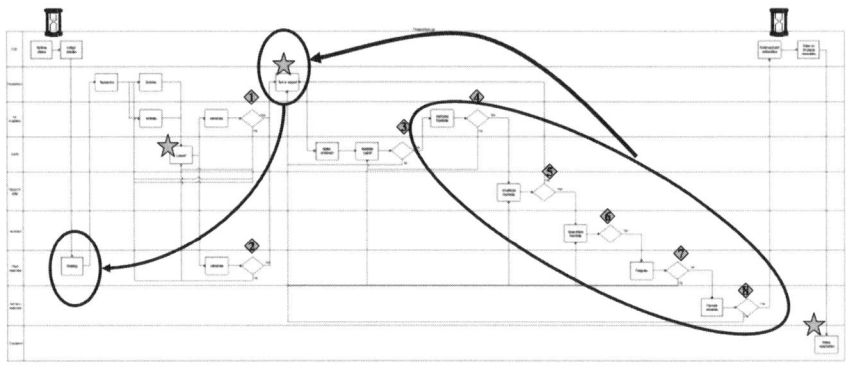

Abbildung 5: Prozessfluss nach Abteilungen gegliedert

Die Auswertungen zur Planung der personellen Ressourcen und zur Prozesskapazität brachten keine Ursachen zu Tage. Nach Datenlage musste die personelle Kapazität auch bei unvorhergesehenen Ereignissen wie Krankheit ausreichen. Berücksichtigen sollte man aber bei allen Datenauswertungen den Mitarbeiter als möglichen Einflussfaktor. Gerade in einem von Kreativität geprägten Prozess spielen Motivation, Kompetenz und Teamfähigkeit eine große Rolle, die nicht in die Berechnungen einfließen können.

Nachdem das Projektteam die aufgenommenen Daten ausgewertet und Hypothesen erarbeitet hatte, analysierte es schließlich in der Phase »Analysieren« den Prozessablauf. Dazu beschrieb es den Ablauf noch detaillierter und visualisierte alle möglichen Entscheidungspunkte und Schleifen.

Auf der Suche nach Ansätzen der Verschwendung im Prozess fiel sofort die Anzahl an Entscheidungen und Kontrollen ins Auge. Betrachtete man die Wertschöpfungskette des Prozesses unter den strengen Six Sigma-Kriterien, waren die wertschöpfenden Prozessschritte nur das Schreiben und die Gestaltung des Layouts. Sämtliche Prozessschritte, die Kontrollen beinhalten, tragen nichts zur Wertschöpfungskette bei. Die vielen Entscheidungen in diesem Prozess hatten auch Auswirkungen auf den zügigen Durchlauf im Prozess: Waren die Entscheidungsverantwortlichen nicht erreichbar, so entstanden Warte- und Liegezeiten. Zu der mangelhaften Termintreue trugen auch die vielen Kontrollen am Ende der Prozesskette bei der Artikelfertigstellung bei.

Als ein sehr kritischer Punkt wurde das Briefing der Redakteure, also die Vorgaben für den Artikel und dessen Inhalt angesehen. Wie auch schon in den Kundenanforderungen erkennbar, waren die Redakteure mit dem derzeitigen Ablauf unzufrieden. Hinzu kam, dass sich die Vorgaben im Briefing öfters im Verlauf des Prozesses änderten. Die Änderungen, die die Grafik vornehmen musste, beruhten darauf, dass sich die Redakteure nicht an die vereinbarten Layoutvorgaben hielten.

Weiterhin wurde festgestellt, dass es kein kontinuierlich über den Prozessablauf verteiltes Termincontrolling gab. Erst gegen Ende des Prozesses, in der »heißen« Phase des Datenversands, wurde der Stand der Produktion genauer abgefragt. So war es natürlich nicht mehr möglich, rechtzeitig Maßnahmen zu ergreifen, um Terminverzögerungen zu vermeiden.

Zum Abschluss der Phasen »Messen« und »Analysieren« fasste das Projektteam die Ergebnisse zusammen:

1. Es existierte kein Kontrollsystem um möglichen Terminverzug rechtzeitig zu erkennen.
2. Es bestand ein Zusammenhang zwischen Standardisierung und Termintreue.
3. Das Briefing der Redakteure hatte Auswirkungen auf die Termintreue.
4. Es existierten zu viele Kontrollstellen zur Abnahme der Artikel.
5. Der Anteil der Wertschöpfung am Prozess war sehr gering.
6. Die Kapazität der personellen Ressourcen wurde bei optimalem Produktionsverlauf als ausreichend betrachtet.

Die Verbesserung des Prozesses

In der Phase »Verbessern« legte das Projektteam Wert darauf, Werkzeuge zu verwenden, die auch später im normalen Produktionsablauf und Arbeitsalltag hilfreich waren, beispielsweise bei Terminbesprechungen. Das Team musste nun Lösungen für die oben genannten Probleme finden, damit der Prozess nachhaltig verbessert werden konnte. Gearbeitet hat es hier mit kreativen Techniken wie dem Brainstorming, der 6-3-5-Methode sowie den Sechs Denkenden Hüten, um die Vor- und Nachteile der jeweiligen Lösungsmöglichkeiten darzustellen. Das Team bewertete die gefundenen Lösungsmöglichkeiten und priorisierte sie anhand von Punktesystemen. Die favorisierten, erfolgversprechenden Lösungsmöglichkeiten waren:

- Einführung eines wirksamen Kontrollsystems mittels Excel: Jeder Produktionsmitarbeiter trägt täglich den aktuellen Stand seiner Arbeit in eine Termintabelle ein. Hier kommt die Ampel-Systematik zum Zug: Grün für Termine, die eingehalten werden, Gelb für kritische Termine und Rot für Verzug.
- Der Chef vom Dienst soll die Aufgabe übernehmen, den Ist-Stand der Liefertreue abzufragen und in kritischen Situationen die Ressourcen besser zu verteilen, um Terminverzögerungen zu begegnen.
- Das Briefing der Redakteure soll standardisiert und effektiver werden: Zum Einsatz kommen sollen Checklisten und Vorgabenlisten, die Inhalt, Extras wie Material für Grafiken oder Textkästen sowie Sprache betreffen. Ressortleiter und Chefredakteur erstellen diese verbindlichen Checklisten. Anhand derer können die Redakteure effektiver arbeiten, gleichzeitig müssen sich die Kontrollorgane wie Ressortleiter und Chefredakteur an diesen Checklisten orientieren. Damit soll vermieden werden, dass nachträglich Briefings geändert werden. Das Briefing gilt als informeller Vertrag zwischen Redakteur und Ressortleiter beziehungsweise Chefredakteur. Die Vorgaben sollen dadurch für beide Seiten verbindlich werden.
- Die Standardisierung des Layouts soll weiter vorangetrieben werden, um unnötige Mehrarbeit zu vermeiden. Die Layout-Vorgaben sind verbindlich und können nur in Absprache mit dem Art Director geändert werden.

Anhand dieser Lösungsmöglichkeiten erstellte das Projektteam einen Implementierungsplan, in dem die Verantwortlichen für die Umsetzung festgelegt wurden. Lösungsmöglichkeiten und Implementierungsplan legte das Team der Geschäftsführung zur Kontrolle vor. Der Auftraggeber stufte das Kontrollsystem (Ampel) als kritisch ein und befürchtete, dass der zeitliche Aufwand für die Eintragungen in die Termintabelle zu hoch sein würde. Mehrarbeit für die Redakteure wäre die Folge. Projektteam und Auftraggeber vereinbarten dennoch, dieses Terminsystem in der Kontrollphase beizubehalten und zu testen. Vereinbart wurde eine Pilotierung während einer vierzehntägigen Produktion.

Die Ergebnisse aus diesem Piloten wertete das Projektteam aus und analysierte dabei, wie praktikabel die gefundenen Lösungsmöglichkeiten waren. Deutlich wurde, dass die Checklisten detaillierter werden mussten. Die Leitung des Magazins, also Chefredakteur, Chef vom Dienst, Art Director und Ressortleiter, optimierten die Vorgaben.

Das Team nahm erneut die Daten auf, analysierte die Veränderungen und errechnete den First Pass Yield der Produktion: 26,3 Prozent. Die Termintreue war von 20 Prozent auf 73 Prozent gestiegen. Das Projektziel – eine Verbesserung der Termintreue auf 70 bis 80 Prozent – wurde also erreicht. Das Projektteam einigte sich mit der Geschäftsführung, die Kontrollsysteme beizubehalten und im monatlichen Rhythmus über die Termintreue sowie die Prozessqualität zu berichten.

Die Zufriedenheit der Mitarbeiter stieg an, da weniger Kontrollen und Änderungen notwendig waren. Die Redakteure begrüßten, dass Termintreue belohnt wurde, und die Mehrarbeit eingeschränkt wurde.

Dieses Beispiel einer Prozessoptimierung zeigt auf, dass der Einsatz der Six Sigma-Systematik individuell auf das Unternehmen zugeschnitten werden kann. Je nach Art des Unternehmens und des Prozesses kommen unterschiedliche Werkzeuge zum Einsatz. In der Praxis lassen sich dabei die vermittelten Werkzeuge auch in anderen Arbeitsbereichen sehr gut einsetzen. So lassen sich zum Beispiel mit einfachen Methoden Teambesprechungen effizienter gestalten oder grundlegende Kenntnisse aus dem Bereich des Projekt- und Qualitätsmanagement einführen.

1.6 Die Geschichte von Six Sigma

Sigma ist ein Buchstabe des griechischen Alphabets. In der Wissenschaft der Statistik steht er für eine Maßeinheit der Veränderung. Sigma bezeichnet in der Statistik die Standardabweichung der Grundgesamtheit. Die Wurzeln von Six Sigma als einen Messstandard reichen zurück bis Carl Friedrich Gauß (1777 bis 1855), der das Konzept der Normalverteilung erfand. Als Maßeinheit in Produktionsprozessen taucht Six Sigma erstmals in den zwanziger Jahren des vergangenen Jahrhunderts auf, als Walter Shewhart zeigte, dass Drei Sigma der Punkt ist, an dem ein Prozess verbessert werden muss. Doch die eigentlichen Lorbeeren für die Einführung des Begriffs in das Qualitätsmanagement in den achtziger Jahren gehen an den Motorola-Ingenieur Bill Smith, der Anfang der neunziger Jahre verstarb – ohne jemals zu erfahren, auf welche Begeisterung seine Wortschöpfung und die damit verbundene Methode in den Unternehmen dieser Welt stoßen sollte.

Mitte der achtziger Jahre entschied Bob Galvin, damaliger CEO von Motorola, zusammen mit anderen Ingenieuren, dass die traditionellen Qualitätseinheiten – Fehler pro tausend Möglichkeiten – nicht ausreichend waren. Er wollte stattdessen Millionenschritte haben. Motorola entwickelte daraufhin diesen neuen Standard, diese Methode und eine Denkweise, die damit einhergeht. 1986 implementierte Motorola die Methode erstmals, um seine Prozesse zu verbessern. Das Unternehmen realisierte mit Six Sigma-Projekten nach eigenen Angaben Einsparungen von rund 16 Milliarden US-Dollar. Ende der achtziger Jahre sprangen auch andere Unternehmen auf den Six Sigma-Zug auf: Prominente Verfechter der Methode wurden Larry Bossidy von Allied Signal – heute Honeywell – und Jack Welch von General Electric (GE). Die Gerüchteküche besagt, dass die beiden Top-Manager beim Golfen eine Wette abschlossen: Jack Welch setzte alles darauf, dass er Six Sigma bei GE schneller und mit besseren Ergebnissen implementieren könne, als Bossidy bei Signal Allied/Honeywell. Tatsächlich setzte Bossidy Six Sigma erstmals 1994 in seinem Unternehmen ein – vier Jahre später sparte Allied Signal 500 Millionen US-Dollar durch die Methode ein. Jack Welch nutzte Six Sigma 1995 erstmals als QMS bei GE – von 1996 bis 1998 konnte er aufgrund dessen 4,4 Milliarden US-Dollar einsparen.

Seit Mitte der neunziger Jahre haben immer mehr Großkonzerne wie Sun, General Motors oder Nokia Six Sigma als eine Methode entdeckt, ihre Qualität effizient zu steigern, ihre Kunden zufrieden zu stellen und mehr Gewinn zu machen. Ende der neunziger Jahre kam Six Sigma nach Deutschland. Seitdem entdecken immer mehr Unternehmen die Vorteile dieser Methode.

2 Die Umsetzung der Six Sigma-Methodik in KMU

In Berichten zur Implementierung von Six Sigma in großen Unternehmen liest man Dinge wie Roll-out über das ganze Unternehmen, alle Mitarbeiter benötigen eine Schulung, es muss eine neue »Sprache« eingeführt werden. Besonders herausragende Führungskräfte erhalten eine intensive Schulung bezüglich der Six Sigma-Methodik, die sich über längere Zeit erstreckt. Wenn man das liest, kann man zu dem Schluss kommen, dass vor dem eigentlichen Ziel der Prozessverbesserung das ganze Unternehmen erst einmal gründlich umgekrempelt werden muss, bevor man sich an die eigentliche Anwendung der Six Sigma-Methodik machen darf. Das bedeutet für kleinere Unternehmen ein finanzielles Risiko. Dass dies zur Abschreckung von KMU beiträgt, ist verständlich und mag ein Grund dafür sein, dass Six Sigma in mittelständischen Unternehmen noch keinen großen Stellenwert hat. Stellt sich nun die Frage, ob das wirklich so sein muss. Oder kann man nicht auch mit einem geringeren Aufwand die Methoden und die Systematik effizient anwenden?

Schaut man sich die Werkzeuge aus der »Six Sigma Toolbox« genauer an, wird man viele bekannte Methoden aus dem Bereich Qualitätsmanagement entdecken. Verfügt man im Unternehmen über ein Qualitätsmanagementsystem lassen sich auch dort viele parallele Ansätze finden. Tatsächlich fehlt es in vielen Fällen nicht an Wissen über Methoden zur Verbesserung sondern an deren projektorientierten und effizienten Einsatz wie es die Six Sigma-Systematik vorgibt.

Am Anfang steht die Person oder Personen, die, angeregt durch oder auf Druck von externen Kunden, Medienberichten oder Literatur, die Idee Six Sigma in das Unternehmen bringen. Im nächsten Schritt muss die Geschäftsführung davon überzeugt werden – oder selbst schon davon überzeugt sein -, dass die Six Sigma-Methode sich für Qualitätsverbesserungen im Unternehmen eignen könnte. Argumente hierfür sind zum einen bereits vorhandene

Kompetenzen in Qualitätssicherungsmethoden wie Kennzahlensystemen, der Wunsch, das Unternehmen nach DIN-Normen zertifizieren zu lassen, bei jungen Firmen überhaupt die Einführung eines Kennzahlensystems und eines Qualitätsmanagements (auch als Vorbereitung für spätere DIN-Zertifizierungen) oder der massive Druck von externen Auftraggebern, die ihr eigenes Unternehmen anhand Six Sigma ausgerichtet haben und von ihren Zulieferern die Anwendung dieser Methode erwarten.

Ist das Management überzeugt davon, dass Six Sigma sich für das Unternehmen eignet, ist die nächste Überlegung, ob es bereits grundlegende Qualitätsmanagement-Kompetenzen im Unternehmen gibt, ob es Mitarbeiter gibt, die es sich zutrauen, sich in Six Sigma einzuarbeiten und zum Green oder sogar Black Belt ausbilden zu lassen, oder ob es sinnvoller ist, einen externen Berater ins Unternehmen zu holen. Entscheidet sich das Management für letztere Variante, muss es sich darüber klar werden, ob es viele Mitarbeiter in Six Sigma schulen lassen will, ob der Berater nur ein Pilotprojekt betreuen soll, ob er einen Mitarbeiter zum Green Belt ausbildet, der dann in Zukunft selbst Projekte betreuen kann.

Dahinter stehen unterschiedliche Herangehensweisen an Six Sigma: Das Management ist davon überzeugt, dass Six Sigma die richtige Methode für Prozessverbesserungen in seinem Unternehmen ist – hier lohnt es sich, möglichst viele Mitarbeiter in der Methode ausbilden zu lassen, um später mehrere Projekte in Angriff nehmen zu können. Ist das Management jedoch nicht sicher, empfiehlt es sich, ein Six Sigma-Pilotprojekt zu fahren: Hierzu reicht es, einen externen Berater sowie einen an Six Sigma interessierten Mitarbeiter ein Pilotprojekt betreuen zu lassen. Anhand der Ergebnisse und Erfahrungen dieses Piloten lässt sich dann mit großer Wahrscheinlichkeit sagen, ob sich die Methode für das Unternehmen eignet. Ist das der Fall, kann der an Six Sigma interessierte Mitarbeiter zum Green oder Black Belt ausgebildet werden und dann eine kleine Six Sigma-Organisation im Unternehmen ins Leben rufen und betreuen.

Eine weitere Variante könnte sein, dass die am Pilotprojekt beteiligten Mitarbeiter von Six Sigma so überzeugt sind, dass sie am liebsten weiter an solchen Verbesserungsprojekten mitarbeiten wollen. Sie lassen sich dann als flexible »Six Sigma Taskforce« unternehmensweit einsetzen.

Eine vierte denkbare Variante ist, dass der Pilot so erfolgreich war, dass sich das Management entscheidet, Six Sigma im ganzen Unternehmen einzusetzen. Die letzte Variante: Das Management entscheidet dafür, Werkzeuge und Methoden von Six Sigma für eigene Probleme zu verwenden – ohne jedoch die gesamte Methode umzusetzen.

2.1 Projektauswahl für Six Sigma-Projekte

Bei der Auswahl eines Six Sigma-Projekts schaut man sich zuerst das Gesamt-unternehmen an, identifiziert Kern- und Schlüsselprozesse sowie die entscheidenden Produkte: Was sind die Bestseller des Unternehmens? Denn ein Projekt lohnt sich nur dann, wenn es den Gewinn, das Ergebnis maßgeblich verbessern kann. Deshalb sind die Bestseller, die für das Unternehmen die Zukunft maßgeblich mitbestimmen, für Six Sigma-Projekte prädestiniert.

Nachdem die Geschäftsführung – gegebenenfalls in Zusammenarbeit mit Abteilungsleitern und unternehmensinternen Fachkräften – die Bestseller identifiziert hat, analysiert sie deren Kostenstruktur und Wertschöpfungs-kette. Dabei suchen alle gemeinsam nach Schwachstellen:

- Wo wird Geld verschwendet?
- Wo passieren zu viele Fehler?
- Wo wird zu viel Ausschuss produziert?
- Mit welchem Produkt sind die Kunden besonders unzufrieden?

Im Anschluss muss die Geschäftsführung abschätzen, wie komplex ein solches Projekt wäre: Das geschieht, indem sie sich fragt, wie viele Schnittstellen es gibt und wie lange die Laufzeit eines solchen Projekts sein könnte. Im Mittelstand geht man von einer Gesamtprojektlaufzeit von drei bis maximal fünf Monaten aus.

Projektarbeit mit der Six Sigma-Methode erfordert immer ein Team. Es arbeitet immer nur an einem einzelnen Projekt, das immer mit den gleichen

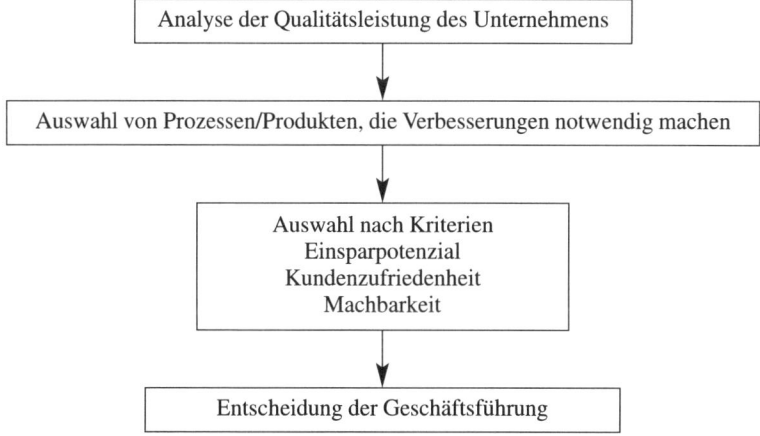

Abbildung 6: Ablauf der Projektauswahl

Projektmanagement-Werkzeugen bearbeitet wird. Eine Aufgabenstellung kann beispielsweise sein, die Fehlerrate zu verringern. Das genaue Ziel wird in der Phase »Definieren« spezifiziert. Hat das Team das Ziel erreicht, ist das Projekt abgeschlossen.

Während der Arbeit können sich neue Projekte ergeben. Sie werden jedoch erst angegangen, wenn das erste Projekt abgeschlossen ist. Allerdings muss der Auftraggeber für das Projekt – also beispielsweise das Management des mittelständischen Unternehmens – aufpassen, dass es nicht zwei ähnliche Projekte lanciert. Damit das nicht geschieht, ist eine gute Projektauswahl wichtig.

2.1.1 Quellen für die Projekte

Doch anhand welcher Angaben kann die Geschäftsführung ein Projekt für Six Sigma auswählen? Quellen sind hier von externer Seite die Kundenreklamationen, die Anforderungen der Kunden, die Wettbewerbssituation sowie die gesetzlichen Anforderungen. Der Kundennutzen steht also bei der Projektauswahl im Vordergrund: Alles, was vom Kunden kommt, beispielsweise Reklamationen, hat nach Six Sigma höchste Priorität. Die übergeordnete Strategie ist, die Kunden zufrieden zu stellen – und das mit so wenig Aufwand wie möglich. Doch auch interne Quellen wie Umsatz, Rendite, Potenzial, Produktlebenszyklus, Kennzahlen wie Prozessfähigkeit (Sigma-Level, Cp-Werte wie Fehler pro Millionen Teile) und Fehlleistungskosten sind wichtige Informationen, die bei der Auswahl eines geeigneten Projekts helfen.

Eignet sich Six Sigma denn nicht dazu, alle Probleme zu lösen? Im Prinzip schon – nur ist auch die Kosten-Nutzen-Rechnung wichtig. Konzentriert sich beispielsweise ein Unternehmen im Rahmen eines Six Sigma-Projekts auf die Verbesserung eines Produkts, das am Ende seines Lebenszyklus steht, ist der Aufwand – Geld, Zeit und Ressourcen – im Vergleich zum Benefit in den meisten Fällen zu gering. Hat das Produkt am Markt und im Unternehmen dagegen noch Zukunft, lohnt es sich, mit Six Sigma Verbesserungen einzuführen.

Ein weiteres Kriterium für die Projektauswahl ist die objektive Messbarkeit des Projekts; denn Six Sigma basiert auf statistischen Erkenntnissen – ohne Zahlenmaterial ist die Methode nicht anwendbar. Doch messbar ist fast alles – auch administrative Prozesse lassen sich anhand ihrer Durchlaufzeiten als Daten erfassen. Allerdings müssen die Daten in das Kennzahlensystem der Firma passen, beispielsweise Fehlleistungskosten, Ausbeute, Zahl der produzierten Gut- oder Schlechtteile, kurzfristige Prozessfähigkeit (Cpk), langfristige Kennzahlen wie Prozess-Performance (Ppk), Fehler pro Einheit (defects per unit: dpu), Fehlleistungskosten in Geld oder in Cpk. Um eine Übereinstimmung gewährleisten zu können, sollten schon vor der Projektauswahl der Sigma-Level aus Cpk- oder dpu-Zahlen errechnet werden.

Prozesse, die eine geringe Fehlerrate aufweisen, also relativ gut organisiert sind, sind nur schwer zu verbessern – vor allem dann, wenn es das erste Six Sigma-Projekt ist, das ein Unternehmen durchführt. Denn das Einsparpotenzial wird logischerweise immer geringer, je besser der Prozess bereits ist. Andererseits steigt gleichzeitig der Aufwand des Projekts. Deshalb ist es sinnvoll, den Ist-Stand quantifizieren zu können, bevor man einen Prozess zu einem Six Sigma-Projekt macht.

Auch die Laufzeit des Projekts ist ein wichtiges Auswahlkriterium: Je mehr man schon über ein Problem weiß, umso besser lässt sich der zeitliche Aufwand abschätzen. Ziel ist, nicht nur Fehler zu verringern, sondern das Projekt auch zügig abzuschließen – nicht nur aus Kostengründen: Denn die Motivation der Projektmitarbeiter sinkt, je länger ein Projekt dauert. Es muss auch deshalb zeitlich absehbar sein, weil das Management möglichst schnell Ergebnisse sehen will.

So kann beispielsweise die Aufgabe, die Fehlleistungskosten im Kundendienst zu reduzieren, ein sinnvolles Six Sigma-Projekt sein. Auch dass eine Maschine weniger Ausschuss produziert, kann Gegenstand der Verbesserungsarbeit sein. Oder das Call Center kann im Fokus des Projekts stehen, um die Zeit von Gesprächsannahme bis zur Auftragsbearbeitung zu verkürzen.

TIPP: Auf keinen Fall Riesenprojekte wählen, in die das ganze Unternehmen involviert ist. Es geht nicht darum, die Welt neu zu erfinden, sondern überschaubare, realistische Projekte anzugehen. Möglich ist auch, aus einem großen Projekt zwei oder mehrere kleinere zu machen.

Das Vorwissen über die Probleme beeinflusst ganz erheblich die Laufzeit: Ist es ein hochvolumiger Prozess? Gibt es schon Daten? Oder muss das Projektteam erst Kennzahlen ermitteln? Welche Ressourcen hat das Personal – wer hat Zeit, an einem Six Sigma-Projekt mitzuarbeiten? Wie viele Schnittstellen gibt es, wie viele Abteilungen sind involviert? Je mehr Schnittstellen und Abteilungen, umso anspruchsvoller – und damit auch zeitlich umfangreicher – ist das Projekt.

Arbeitet ein Unternehmen zum ersten Mal mit Six Sigma, sollte es nicht gleich Probleme angehen, die seit Jahren ungelöst sind oder an denen schon ein Team arbeitet – wenn auch nicht nach der Six Sigma-Methode. Will sich beispielsweise ein Automobilzulieferer für die ISO-Norm qualifizieren, ist es wenig sinnvoll in diesem Bereich gleichzeitig ein Six Sigma-Projekt anzugehen, weil die Ressourcen für beide Projekte wahrscheinlich unzureichend sein werden. Für die zeitliche Abfolge wäre hier sinnvoller, zuerst die Prozesse mit Six Sigma zu verbessern und sich dann um die ISO-Norm zu bewerben.

TIPP: Ein Six Sigma-Projekt sollte auf keinen Fall ein politisches Thema sein, also von einem Einzelnen im Unternehmen aus Prestigegründen forciert werden. Es sollten keine persönlichen Machtinteressen hinter einem Verbesserungsprojekt stehen: Das gefährdet das Ergebnis. Denn mit persönlichen Interessen entstehen Barrieren und Konkurrenz im Unternehmen; Abteilungen, Mitarbeiter und Mitglieder der Geschäftsführung könnten versucht sein, das Projekt zu boykottieren oder zu sabotieren.

Diese Kriterien – also Quellen, Messbarkeit, Fehlleistungsrate, Laufzeit und bereits vorhandene Daten – helfen bei der Auswahl eines geeigneten und damit erfolgversprechenden Projekts.

Bevor Vorschläge für ein Six Sigma-Projekt gesammelt werden, muss sich die Geschäftsführung folgende Leitfragen stellen:

• Wie haben wir bislang auf Qualitätsprobleme reagiert?
• Wurden Probleme mit einer Feuerwehraktion gelöst oder gab es eine zielgerichtete Strategie, Fehler zu vermeiden und Prozesse zu verbessern?
• Wissen wir, was unsere Kunden wollen?
• Was hat uns bisher veranlasst, Verbesserungen durchzuführen? Ist der Grund eine Geschäftsstrategie oder vielmehr Kosten- oder Kundendruck?
• Welche Kosten haben Ineffizienz und Fehler in der Produktion verursacht?

Mithilfe eines Kriterienkatalogs erarbeiten Geschäftsführung und Abteilungsleiter grobe Vorschläge für Verbesserungsprojekte. Sinnvoll ist es, einen Vormittag oder sogar einen ganzen Tag für die Projektauswahl anzusetzen; je nach Unternehmensgröße sollten die Prozess- und Produktverantwortlichen anwesend sein. Positiv auf die Projektauswahl wirkt sich aus, wenn Firmen schon Verbesserungsvorschläge von ihren Mitarbeitern gesammelt haben. Diese können die Basis für ein Projekt sein. In einem halb- oder ganztägigen Workshop werden diese Themen vorgestellt. Die Auswahl wird anhand von Six Sigma-Kriterien wie Zeit, Kosten und Messbarkeit getroffen.

Zur Analyse und Visualisierung von hemmenden und fördernden Kräften innerhalb des Unternehmens bezüglich möglicher Verbesserungsaktivitäten

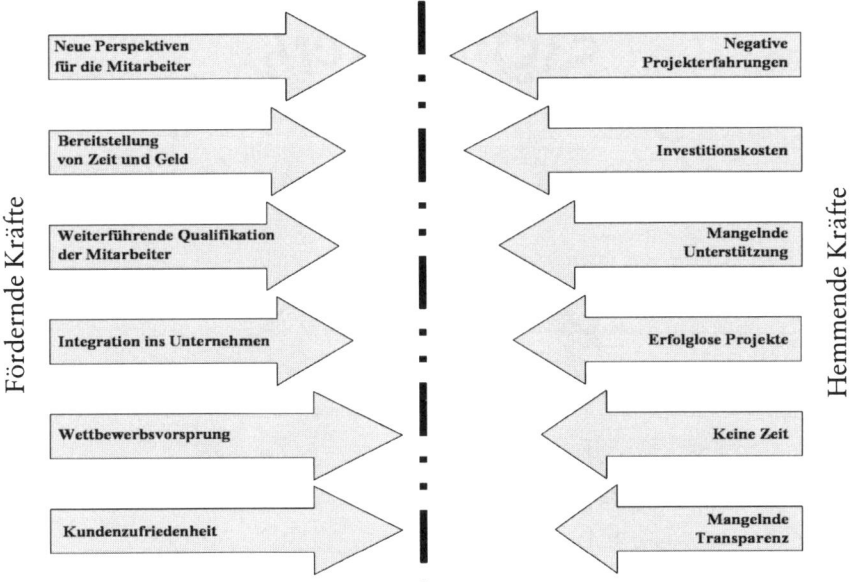

Abbildung 7: Kraftfeld-Analyse am Beispiel der Einführung von Six Sigma

ist der Einsatz einer Kraftfeld-Analyse gut geeignet. Sie stellt positive und negative Aspekte von möglichen Verbesserungsprojekten gegenüber und beantwortet so die Frage: Was spricht für das Projekt und was dagegen? Für jedes mögliche Projekt werden im Team hemmende und fördernde Faktoren gesammelt, unabhängig vom Grad ihrer Bedeutung. Anschließend erfolgt eine Gewichtung der einzelnen Faktoren hinsichtlich des Einflusses auf mögliche Verbesserungsaktivitäten. Die Länge der Pfeile visualisiert diesen Einfluss. Bei der Beurteilung ist dann entscheidend, ob sich mögliche hemmende Faktoren abschwächen oder fördernde Faktoren noch forcieren lassen.

2.2 Die Projektorganisation

Wie sich die Organisation des Projekts gestaltet, ist abhängig davon, wie die Six Sigma-Methodik in das Unternehmen eingeführt werden soll. Bei einer flächendeckenden Einführung in großen Unternehmen müssen die Projekte von einer zentralen Stelle aus koordiniert werden. Oftmals wird diese für die Steuerung von Six Sigma-Projekten, den Einsatz der Ressourcen (Green Belts

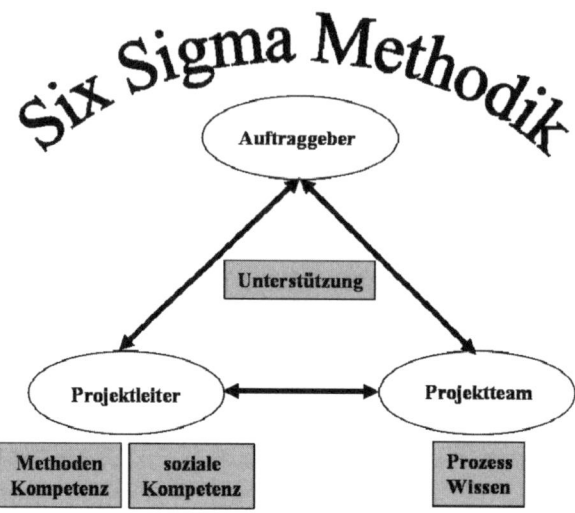

Abbildung 8: Die Six Sigma-Methodik

und Teammitglieder), die Qualifizierung der Mitarbeiter und die Kommunikation im Unternehmen eingerichtet.

Das ist in mittelständischen Unternehmen nur dann nötig, wenn man sich dazu entschieden hat, Six Sigma weiter auszubauen. Will man ein Pilotprojekt starten, steht der Auftraggeber beziehungsweise der Initiator in der Verantwortung, das Projekt organisatorisch zu betreuen. Neben der Auswahl des geeigneten Projekts spielen – abgesehen vom Auftraggeber und Initiator des Six Sigma-Projekts – der Projektleiter und das Projektteam die tragende Rolle für ein erfolgreiches Projekt.

2.2.1 Die Rolle des Auftraggebers

Wer im Unternehmen die Rolle des Auftraggebers für das Six Sigma-Projekt übernehmen soll, entscheidet die Geschäftsführung. Im besten Fall ist es derjenige, der die Idee von Six Sigma in das Unternehmen gebracht hat. Er ist der Treiber und besitzt auch die entsprechende Motivation zur Umsetzung. In seiner Aufgabe sollte er aber auf jeden Fall die volle Unterstützung der Geschäftsführung haben, um Entscheidungen im Rahmen des Projekts treffen zu können. Er unterstützt den Projektleiter in der Planung und Durchführung, sowie bei Problemen im Projekt. Er sollte mit der Geschäftsführung das Budget festsetzen und sicherstellen, dass die nötigen personellen Ressourcen zur Verfügung stehen. Zusammen mit dem Projektleiter erstellt er einen Budgetplan für das Projekt und erarbeitet, falls nicht schon bei der Projektauswahl geschehen, die genaue Zielstellung des Projekts. Er fordert vom Projektleiter Statusberichte ein und sollte beim Start-Workshop den Teammitgliedern seine volle Unterstützung zusichern. Am Ende des Projekts nimmt er das Ergebnis ab und berichtet gemeinsam mit dem Projektleiter der Geschäftsführung.

2.2.2 Die Rolle des Projektleiters

Die Auswahl des Projektleiters ist für ein Six Sigma-Pilotprojekt von entscheidender Bedeutung. Die Geschäftsführung beziehungsweise der Treiber der Six Sigma-Idee sollte sich schon vor der Auswahl und Planung eines Projekts Gedanken machen, wer für diese Aufgabe infrage kommen könnte. Wichtig sind dabei sowohl fachliche als auch hohe soziale Kompetenz. Im fachlichen Bereich sollte der Projektleiter bereits Erfahrungen mit Projektmanagement haben und für Führungsaufgaben qualifiziert sein.

Für die Umsetzung der Six Sigma-Methodik sollte auf jeden Fall fundiertes Wissen im Bereich der Qualitätsmethoden und Qualitätssicherung die Basis bilden. Mit diesen Qualifikationen versehen hat man einen großen Bereich der Six Sigma-Werkzeuge abgedeckt. Darüber hinaus sollte der Projektleiter bereits Kenntnisse über die Vorgehensweise der Six Sigma-Systematik, DMAIC, besitzen und den nötigen Mut haben, sich an diese Aufgabe heran zu wagen. Hinzu kommen Kenntnisse als Moderator und Trainer.

Als Projektleiter ist er beteiligt an der Projektdefinition sowie an der Zusammenstellung des Projektteams. Er überwacht den festgelegten Zeitplan aus dem Projektvertrag und plant die notwendigen Projektsitzungen inhaltlich im Sinne der Six Sigma-Systematik. Dazu gehört die Auswahl der geeigneten Werkzeuge, abgestimmt auf das Projekt und auf die Qualifikation der Teammitglieder. Weiterhin ist der Projektleiter zuständig für die ausführliche Dokumentation der Projektergebnisse, für die Einhaltung des Kostenbudgets und für regelmäßige Berichte über den Projektstatus an den Auftraggeber. In seiner Rolle als Moderator leitet er in erster Linie die Teamsitzungen.

Für das Pilotprojekt hilft es auch, wenn der Projektleiter ein Kenner des Prozesses oder des Produkts ist, das Gegenstand der Untersuchung sein soll. Wenn dies nicht der Fall ist, sollte man auch für ein Pilotprojekt externe Unterstützung suchen. Eine Möglichkeit ist, dass der zukünftige Projektleiter an einer Schulung eines Trainingsanbieters teilnimmt; für einen Testlauf reicht hierbei eine Green Belt-Schulung.

Die andere Möglichkeit ist, sich einen Six Sigma-Spezialisten zu suchen. Seine Aufgabe soll es sein, die Methodik im Verfahren »Learning by doing« zu vermitteln. Ziel ist, das notwenige Wissen zur Bearbeitung des Pilotprojekts den Projektbeteiligten nahe zu bringen und nicht die Beratung.

In der Teamsitzung erfolgt die Vermittlung der Werkzeuge für die jeweilige Phase, anschließend wird diese sofort am Projekt angewendet. Es ist nicht notwendig, alle Werkzeuge kennen zu lernen. Der Six Sigma-Experte hat die Aufgabe – in Zusammenarbeit mit dem Projektleiter – genau die Werkzeuge und Methoden auszuwählen, die für das Projekt geeignet sind.

2.2.3 Die Rolle des Projektteams

Das Projektteam sollte bei Six Sigma-Projekten aus Mitarbeitern der unterschiedlichen Fachrichtungen bestehen, also jeweils ein kompetenter Vertreter der am Prozess Beteiligten. Grundsätzlich sollte kein Mitarbeiter im Team arbeiten *müssen*; freiwillige Beteiligung und Interesse an der Projektarbeit mit Six Sigma sind Voraussetzungen für eine erfolgreiche Teamarbeit. Der Auftraggeber muss im Vorfeld dafür sorgen, dass die Teammitglieder das Einverständnis ihres jeweiligen Vorgesetzten zur Teilnahme an diesem Projekt haben und auch die nötigen freien Kapazitäten besitzen, um am Projekt effektiv mitarbeiten zu können.

Die Aufgabe des Projektteams ist, den Projektleiter mit fundiertem Prozesswissen zu unterstützen. Die Teammitglieder sollen – geleitet durch die verschiedenen Werkzeuge und Methoden – ihre Kenntnisse über Kundenanforderungen, Prozessabläufen, Problemen, Ursachen und Wirkungen und vor allem auch Lösungsmöglichkeiten in die Projektarbeit mit einbringen.

Ohne das Team kann kein Six Sigma-Projekt zum Erfolg werden. Der Auftraggeber und der Projektleiter tragen durch effektive Planung und Steuerung des Projekts und Honorierung der Arbeit des Teams zu dessen Motivation bei. Oftmals scheitern Projekte aber daran, dass die Mitarbeiter das Gefühl haben, nach der ersten Anfangseuphorie nicht mehr den nötigen Rückhalt zu bekommen. Mangelhaft geplante und scheinbar unendlich lange Projektsitzungen, ungünstige Termine in den Abendstunden, ungerechte Verteilung der Projektaufgaben und das »Abtauchen« der Initiatoren des Projekts sind häufige »Team-Killer« in der Projektarbeit.

Um ein effektives Arbeiten zu gewährleisten, ist eine Startteamgröße von vier bis sieben Mitgliedern ausreichend. Bei Fragen zum Prozess oder Produkt, die im Team nicht befriedigend geklärt werden können, ist es hilfreich, Prozess- oder Produktexperten zu einzelnen Sitzungen einzuladen. Je mehr Werkzeuge aus der Six Sigma-Systematik bekannt sind, desto zügiger kann das Projekt abgewickelt werden. Deshalb sollte bei der Auswahl der Teammitglieder neben den fachlichen Kompetenzen auch die Methodenkenntnis eine Rolle spielen.

2.3 Checkliste »Umsetzung«

Die Checkliste »Umsetzung« besteht aus folgenden Fragen:

1. Gibt es im Unternehmen eine Vorstellung davon, welche die wichtigsten Aufgaben und strategischen Ziele der nächsten drei bis sechs Jahre sind?

2. Sind diesen Zielen konkrete Maßnahmen und auch Meilensteine zugeordnet?

3. Welche anderen Verbesserungsaktivitäten und Verbesserungsprojekte laufen zurzeit?

4. Wie ist die Belastung der Organisation (im Sinne von Projektarbeit) zurzeit?

5. Wie viele Ressourcen können für die Projektarbeit bereitgestellt werden?

6. Hat ein anderes Verbesserungsteam versucht, dieses oder ein ähnliches Projekt zu lösen? Was kann man aus deren Erfahrung lernen?

7. Welche Grenzen bestehen für das Projekt?

8. Ist das Ziel realisierbar?

9. Wie messen oder kontrollieren Sie den Fortschritt des Projekts?

3 Die Definition: Projektziele und Projektgrenzen

Das obere Management hat mit Unterstützung des Prozess- oder Produkt-verantwortlichen das Problem, das gelöst werden soll, im Schritt »Projektauswahl« umrissen und die grobe Richtung festgelegt – beispielsweise das Ziel, die Ausschussrate zu reduzieren, Durchlaufzeiten in einem gewissen Umfang zu verringern oder Kosten für das Rüsten von Werkzeugen einzusparen.

Was geschieht jetzt in der Definitionsphase? Hier entsteht der Projekt-Auftrag (Project Charter), also der schriftliche Vertrag über Projektziele, Teilnehmer, Zeitplan und Einsparpotenziale. Das Projektteam erstellt einen vereinfachten Prozessablauf: Den SIPOC, der die Wertschöpfungskette Supplier (Lieferanten) – Input (Eingangsgrößen) – Prozess – Output (Prozessergebnis) – Customer (Kunde) abbildet, auch Kunden-Lieferanten-Analyse genannt. Wer sind die Kunden, wer die Lieferanten? Was müssen sie liefern? Das Team sammelt die Anforderungen der Kunden im Hinblick auf das Ziel, wie es im Projektvertrag definiert ist. Dabei sind mit Kunden nicht nur andere Unternehmen oder Konsumenten gemeint. Kunden können auch im eigenen Unternehmen sitzen. Ebenso kann der Lieferant unternehmensintern sein: Etwa die Herstellung, die Produkte an den Warenversand weitergibt.

Ein Kunde beurteilt bewusst oder unbewusst jedes Produkt, das er erhält. Gefällt es ihm, will er es immer wieder in dieser Form haben. Gefällt es ihm nicht, dann verzichtet er auf das Produkt. Die Kunst ist, die Stimme des Kunden – Voice of the Customer (VoC) – zu hören: Sie erschallt meist laut in der Reklamationsabteilung, eher leise durch Kollegen, im Sinne von »Wir haben zur Zeit Probleme mit …!« Aber sie ist auch in Studien zu finden, die ganz allgemeiner Natur sein können. Das Unternehmen muss dem Kunden zuhören und wissen, was er möchte. Dabei helfen Umfragen von Konkurrenten und eine genaue Marktbeobachtung.

Für die an Fakten orientierte Vorgehensweise, wie sie Six Sigma zugrunde liegt, sind die Kundenanforderungen meist zu immateriell: Der Kunde wünscht sich, dass die Lieferung schneller und der Service besser werden soll. Das ist wenig konkret. Also muss das Projektteam im nächsten Schritt diese weichen Anforderungen in Zahlen – so genannte kritische Qualitätsmerkmale, critical to quality (ctq) – übersetzen. Das geschieht mithilfe eines so genannten Treiberbaums, der die Kundenwünsche spezifiziert und messbar macht. Erst wenn das Team über konkrete Messgrößen verfügt, geht das Six Sigma-Projekt in die zweite Phase: »Measure« (Messen).

3.1 Das Projekt definieren

Der Auftraggeber des Projekts – im Mittelstand ist das meist das Management beziehungsweise der Geschäftsführer – erstellt einen Auftrag oder einen Vertrag für das Six Sigma-Projekt. Dieser Vertrag ist ein lebendiges Dokument: Das, was man verbessern kann, wird sich oftmals erst in der Definitionsphase genauer ergeben. Der Vertrag beinhaltet eine kurze Abhandlung über das Problem, beispielsweise dass eine bestimmte Maschine zu viel Ausschuss produziert, eine zu hohe Ausfallrate hat oder die Instandhaltungskosten zu hoch sind. Weiter enthält der Vertrag Angaben darüber, welches Einsparpotenzial angestrebt wird und was mit dem Projekt erreicht werden soll. Das Einsparpotenzial legt der Auftraggeber eventuell in Zusammenarbeit mit dem Controlling anhand des derzeitigen Datenmaterials fest. Die Dokumente sollten auch eine klare Problemdefinition mit Kennzahlen oder einer quantifizierten Verbesserungsgröße, etwa den Auftrag, die Fehlleistungskosten um einen bestimmten Betrag reduzieren, enthalten. Außerdem ist hier festgelegt, wer in dem Projektteam mitarbeitet.

Das Projekt sollte klare Grenzen haben: Wo ist der Anfang? Was ist von vornherein ausgeschlossen? Dazu gehört auch, dass der Auftraggeber eine realistische Zeitschiene vorgibt und Meilensteine für die einzelnen Phasen und die Abgabetermine für die jeweiligen Phasenergebnisse festlegt. Da die Phasen aufeinander aufbauen, ist es wichtig, dass die Projektmitarbeiter den Zeitplan einhalten. Denn verzögert sich ihre Arbeit in einer Phase, ist das ganze Projekt zeitlich in Gefahr. Das Definieren sollte zu den kürzeren Phasen eines Six Sigma-Projekts gehören.

Hier noch einmal alle Beteiligten, die für ein solches Projekt gebraucht und deshalb auch im Vertrag aufgeführt werden sollten:

1. ein Auftraggeber,
2. ein Projektleiter, der im optimalen Fall gleichzeitig auch Prozessverant-
   wortlicher ist,
3. Projektmitarbeiter, die sich mit der Materie auskennen,
4. ein Controller, der das Einsparpotenzial bestätigt.

TIPP: Projektleiter und Auftraggeber sollten auch Vertreter für sich und die anderen Teilnehmer benennen, die im Notfall, zum Beispiel bei Krankheit oder Urlaub, einspringen können. Der Vertrag sollte auch festhalten, welche Maschinen, Messgeräte und andere Ressourcen das Team für das Six Sigma-Projekt benötigt.

3.2 Die schriftliche Vereinbarung zwischen Unternehmer und Projektmitarbeitern

Ein konkretes Projektziel am Anfang der Verbesserungsarbeit zu formulieren, ist meist nicht einfach. Die Richtung sollte aber bereits bei der Projektauswahl feststehen. Dafür ist es hilfreich, sich darüber klar zu sein, ob das Six Sigma-Projekt zu Kosteneinsparungen oder zu Produkt- beziehungsweise Systemverbesserungen führen soll. Das übergeordnete Ziel sollte also als erstes feststehen. Davon werden dann spezifische Ziele abgeleitet. Der Auftraggeber und der Projektleiter sind für die Festlegung auf ein Ziel hauptverantwortlich. Was aber nicht heißen soll, dass in der Phase des Definierens die Teammitglieder an der Formulierung nicht beteiligt werden sollten: Denn die Prozessbeteiligten wissen ja, wie der Prozess abläuft und können deshalb entscheidende Hinweise zu seiner Verbesserung geben. Dass die Projektleitung sich früh auf ein Ziel festlegt, bedeutet aber nicht, dass sie dieses Ziel im Laufe des Projekts nicht kritisch hinterfragen soll.

Das Projektziel sollte möglichst von Anfang an aussagekräftig bezüglich Qualität und Quantität sein. Für die Teammitarbeiter ist es wichtig, Klarheit über das Ziel zu haben. Sie müssen wissen, welche Anforderungen auf sie zukommen. Mögliche Lösungen sollen hier nicht erscheinen.

In der Six Sigma-Sprache spricht man auch davon, dass das Projektziel SMART formuliert werden soll. Gemeint ist damit: Spezifisch – Messbar – Aktiv beeinflussbar – Realistisch – Terminiert.

Projektauftrag			
Zielsetzung			
Aufgabenstellung			
Team	Name	Unterschrift	Datum
Auftraggeber			
Projektleiter			
Einsparpotenzial			
Projektgrenzen			
Meilensteine	Phase	Beginn	Ende (geplant)	Ende
	Define			
	Measure			
	Analyze			
	Improve			
	Control			
	Handoff			

Abbildung 9: Der Projektauftrag

3.3 Teamauswahl und -bildung: Vorbehalte gegen Verbesserung ausräumen

Sponsor und Projektleiter suchen passend zur Problemstellung die Teilnehmer aus. Sie steuern außerdem die Ressourcen. Auf einem Start-Workshop lernen sich die Teilnehmer kennen, falls dies nötig sein sollte. In diesem Meeting kann auch direkt die Definitionsphase abgewickelt werden.

Jede Prozessverbesserung zieht Änderungen in Abläufen und Methoden nach sich; das gilt besonders für Six Sigma. Die Mitarbeiter und vor allem die Teammitglieder sollten den Veränderungen und dem Projekt positiv gegenüberstehen. Das Management des Unternehmens sollte das Projekt, die Motive und Beweggründe erläutern und somit die nötige Transparenz schaffen.

Im Workshop zur Projektdefinition erklärt der Projektleiter – oder der Auftraggeber – kurz, was Six Sigma ist und was das Unternehmen mit dieser Methode erreichen will. Auftraggeber und Projektleiter sollten den Mitarbeitern zeigen, dass Six Sigma eine Chance ist, Fehler zu vermeiden. Teilnehmer des Workshops sind die Prozessexperten, also Mitarbeiter, die mit der Materie besonders gut vertraut sind. Sie liefern das Fachwissen, die Messungen, Zahlen und Ideen für das Projekt. Und sie werden auf Unterstützung für den Projektleiter eingeschworen. Andererseits muss der Teamleiter die Projektmitglieder für die Methode und die Sache begeistern. Er sollte deshalb auch die Sitzungen zu realistischen Zeiten anberaumen und dabei auf sein Team eingehen und beispielsweise keine Sitzungen für acht Uhr abends ansetzen. Seine Aufgabe ist es zudem, die Teammitglieder mittels Präsentationen oder via Intranet auf dem neuesten Stand zu halten. Der Projektleiter sollte mit den personellen Ressourcen schonend und vernünftig umgehen.

Die nun folgenden Arbeitsschritte in der Phase »Definieren« eignen sich besonders gut für einen Workshop. Hier werden die ersten Werkzeuge aus der Six Sigma-»Schatzkiste« eingesetzt. Der Projektleiter fungiert als Moderator. Sind die Methoden nicht bekannt, steht vor jeder Anwendung eine kurze Erklärung der Vorgehensweise und des Ziels der Methode. Die Klärung möglicher Fragen aus dem Kreis der Teammitglieder hilft bei einem effizienten Einsatz der Werkzeuge.

3.4 Die Prozessdarstellung: Lieferanten, Input, Prozess, Output und Kunden

In diesem Schritt bereitet das Team das Projektthema systematisch auf und erstellt eine erste grobe Darstellung des Prozessablaufs in acht bis zehn Schritten. Der Darstellung liegen fünf Kriterien zugrunde:

1. der Lieferant, entweder ein externer Zulieferer oder auch Informationslieferanten aus dem eigenen Unternehmen;
2. der Input: Was liefert der Lieferant? Informationen, Daten, Messgrößen, Produkte, Dokumente. Beispiele: Rohware, Aufträge, Einstellanweisungen, Maschinen, Bediener, Umgebungsbedingungen (Temperatur, Feuchtigkeit) und Verfahren;

3. der Prozess, also die groben Prozessschritte, Handlungen oder Tätigkeiten einer Maschine;
4. der Output: das Ergebnis des jeweiligen Prozessschrittes. Es liefert im optimalen Verlauf eine Messgröße. Beispiele zu Outputs: Produkte, Dienstleistungen, Dokumente;
5. der Kunde als Empfänger des Ergebnisses des Prozessschrittes. Im optimalen Fall ist der Kunde des ersten Prozessschrittes der Lieferant für die nächsten Prozessschritte. Es kann mehrere Lieferanten und Kunden sowohl innerhalb als auch außerhalb des Unternehmens geben.

Ein SIPOC (siehe Abbildung 10) liefert einen ersten Überblick über den groben Prozessablauf, Kunden und Lieferanten sowie über Einflussgrößen und Ergebnisse des Prozesses. Der SIPOC dient als Basis für weitere Methoden und sollte deshalb mit größter Sorgfalt zusammengestellt werden. Das Team kann daran schon die ersten hypothetischen Ursachen für das Problem ablesen.

Aus praktischen Gründen sollte das Team in groben Zügen den Prozess, also den Mittelteil, als erstes umreißen. Wo beginnt der Prozess, wo hört er auf? Es werden Anfangs- und Endpunkte notiert und die sechs bis acht

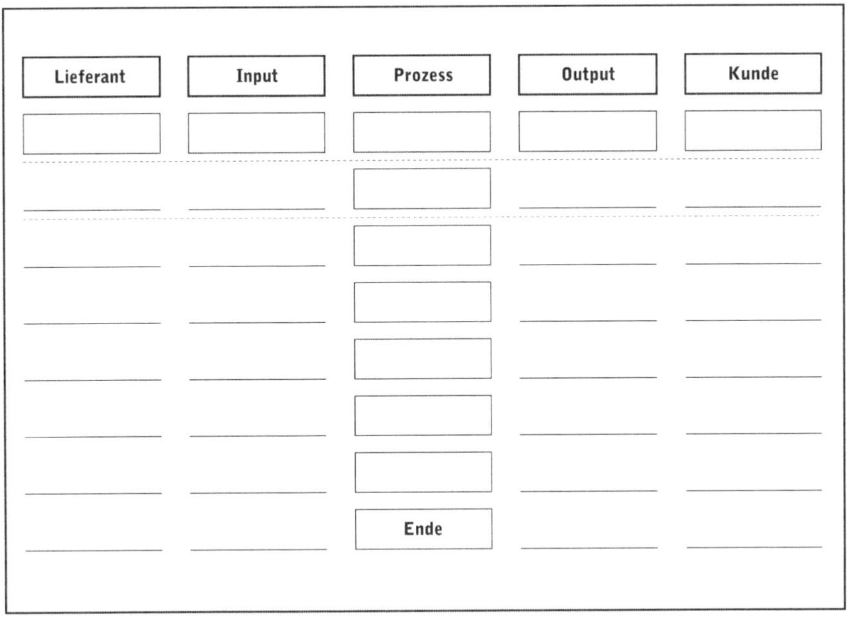

Abbildung 10: Kunden-Lieferanten-Analyse (SIPOC)

Hauptprozessschritte folgen untereinander. In der linken Spalte des SIPOC steht der Input: Das Team findet heraus, was der Input für diesen Prozessschritt ist, was an Material, Formularen und Personal benötigt wird. Eine Spalte weiter links wird der Lieferant dargestellt. Rechts von der Mitte, beim Output, definiert das Team das Ergebnis von jedem Prozessschritt. Und schließlich die Kunden: Wer erhält das Ergebnis jedes einzelnen Prozessschritts? Dieses Verfahren wendet man auf jeden einzelnen Prozessschritt an.

TIPP: Am besten lässt sich mit Pinwand beziehungsweise Metaplan-Wand und Post-Its arbeiten. Der Projektleiter kann hier die Brainstorming-Methode einsetzen; die Teilnehmer diskutieren erste Aspekte des Prozesses und protokollieren beispielsweise auftretende Widersprüche oder auffällige Brüche, die mögliche Ursachen für das Problem sein können.

3.5 Die Kundenanforderungen an die Qualität (SIPOC und Voice of the Customer)

Ziel von Six Sigma ist, die Kundenzufriedenheit zu optimieren. Deshalb muss das Projektteam herausfinden, welche Qualität der Kunde erwartet, wie schnell und zu welchem Preis. Wie lassen sich diese Daten erheben? Entweder verfügt das Unternehmen bereits aus Befragungen, Reklamationen, Kundenzufriedenheitsanalysen und Verkaufszahlen über Daten, die aussagekräftige Zahlen über die Kundenzufriedenheit liefern. Welche Kunden für das Six Sigma-Projekt wichtig sind, ergibt sich aus dem SIPOC unter C.

TIPP: In der Praxis hat es sich bewährt, einen Workshop zu veranstalten, zu dem das Unternehmen auch seine Kunden einlädt. Dies bietet sich vor allem dann an, wenn das Projekt hauptsächlich eigene Mitarbeiter als Kunden hat. Die Teilnehmer erarbeiten in einem Brainstorming die Kundenanforderungen und schreiben sie auf Wortkarten. Anschließend versuchen alle gemeinsam, diese Ergebnisse nach Abteilungen und Merkmalen zu ordnen; beispielsweise, welche Wünsche die Qualitätskontrolle an das Labor hat. Dieser Prozess heißt in der Fachsprache »Clustern«. Danach bewerten die Workshop-Teilnehmer diese Kundenansprüche ihrer Wichtigkeit entsprechend auf einer Skala von 1 (weniger wichtig) bis 5 (sehr wichtig). Jeder vergibt an jede Anforderung Punkte, die zum Schluss zusammengezählt werden. Die Kundenanforderungen mit den meisten Punkten sind die, die als die wichtigsten angesehen werden. An ihnen muss sich das Projektteam später orientieren – vor allem in Hinsicht auf die Verbesserungen, die es im Prozess erreichen will – und sie in seine Hypothesen einbauen.

Bei dieser Bewertung der Kundenanforderungen müssen die Teammitglieder allerdings beachten, ob die Anforderungen Selbstverständlichkeiten sind oder ein »Bonbon«, das die Kunden nicht erwarten und das sie daher positiv überrascht. Wie hoch ist der Aufwand, das Produkt den Kundenerwartungen anzupassen? Es sollte die Anforderung erfüllt werden, die möglichst viele Kunden erwarten und die sich in einem übersehbaren Zeitraum verwirklichen lässt. Dabei sollte das Projektteam sich nach der Strategie des Unternehmens richten: Ist das Projekt damit vereinbar oder nicht?

3.5.1 Was ist ein Fehler und wie viele Fehler toleriert der Kunde?

Praktisch gesehen ist ein Fehler das Nicht-Erreichen eines Sollwertes. Aus der Sicht des Kunden ist das der Fall, wenn ein Produkt oder eine Dienstleistung nicht seinen Vorstellungen entspricht: Sei es, dass seine konkreten Vorgaben nicht eingehalten oder die unspezifischen Erwartungen nicht erfüllt wurden. Im schlimmsten Fall funktioniert das Produkt oder die Dienstleistung nicht. Im besseren Fall ist er unzufrieden und wird sich nach Alternativen umsehen; im besten Fall wird er keine andere Wahl haben und auch fehlerhafte Leistungen akzeptieren. Six Sigma-Projekte haben deshalb die Anforderungen des Kunden im Auge, wenn sie Verbesserungsmaßnahmen im Unternehmen einführen. Denn letztendlich gibt der Kunde den Ausschlag über Erfolg oder Misserfolg eines Produktes. Zufriedene Kunden steigern den Umsatz, unzufriedene erhöhen im schlimmsten Fall die Kosten.

Aus Sicht des Unternehmens erzeugt jeder Fehler Kosten. Im produzierenden Gewerbe sind die Kosten für Fehler mithilfe geeigneter Kenngrößen noch am ehesten quantifizierbar, da am Ende des Arbeitsprozesses ein sichtbares Produkt steht. Bei Dienstleistungen wird es schon schwieriger, die Fehler im Erstellungsprozess zu quantifizieren. Aber auch hier gilt: Die Kosten, die durch Fehler, deren Beseitigung oder deren Vermeidung durch Qualitätssicherungsmaßnahmen entstehen, sind beträchtlich. Schätzungen belaufen sich auf 5 bis 15 Prozent der Herstellkosten. Aus Six Sigma-Sicht sind aber nicht nur offensichtliche Abweichungen eines Produktes als Fehler zu sehen, sondern auch mangelnde Effizienz eines Prozesses. Ziel muss deshalb sein, die Prozessergebnisse mit den minimalen Kosten zu produzieren.

In administrativen Prozessen ist die Definition von Fehlern meist sehr unspezifisch, da häufig keine direkten Auswirkungen zu erkennen sind. Untersucht man aber die Effizienz des Prozesses hinsichtlich Komplexität von Prozessabläufen, langer Material- und Informationsflüsse, Doppelarbeit und Durchlaufzeiten wird man erkennen, dass auch dort Fehler im Sinne von Six Sigma gemacht werden. Verbesserungen werden hier zu großen Einsparpotenzialen führen.

3.6 Von der Kundenanforderung zur Messgröße

Die Kundenanforderungen sind oft wenig spezifiziert – zum Beispiel: guter Service oder schnelle Beratung. Die Aufgabe des Teams ist es, diese meist vagen Anforderungen in Messgrößen zu übersetzen. Dazu benutzt man einen so genannten Treiberbaum. Am Anfang dieser speziellen Grafik stehen die Kundenanforderungen, beispielsweise eine optimale Verpackung. Mit den Fragen »Was ist für den Kunden eine optimale Verpackung?« und »Welche Kriterien legt er hierbei an?« erhält das Projektteam die Treiber, die das Bedürfnis des Kunden erfüllen. In diesem Beispiel wäre ein Treiber die Entsorgung der Verpackung, weitere Treiber wären Handling und Logistik sowie die Transportsicherung.

Im nächsten Schritt bricht man jeden einzelnen Treiber auf weitere, messbare Aspekte herunter, in diesem Fall etwa die Recyclingfähigkeit (Anteil an recyclefähigen Bestandteilen), die Kosten für die Entsorgung und der Aufwand (Zerlegbarkeit). Beim Handling könnten sich folgende Aspekte ergeben: Wie viel Raum nimmt die Verpackung in Anspruch? Ist sie leicht oder macht sie das Produkt noch schwerer? Lässt sie sich leicht öffnen und wieder zusammenbauen? Bei Logistik kommen Aspekte wie Platzbedarf und Stapelbarkeit auf. Bei Transportsicherheit stehen Faktoren im Mittelpunkt wie beispielsweise der Schutz des Produktes durch die Verpackung sowie die Frage, welchen Härtetest sie übersteht.

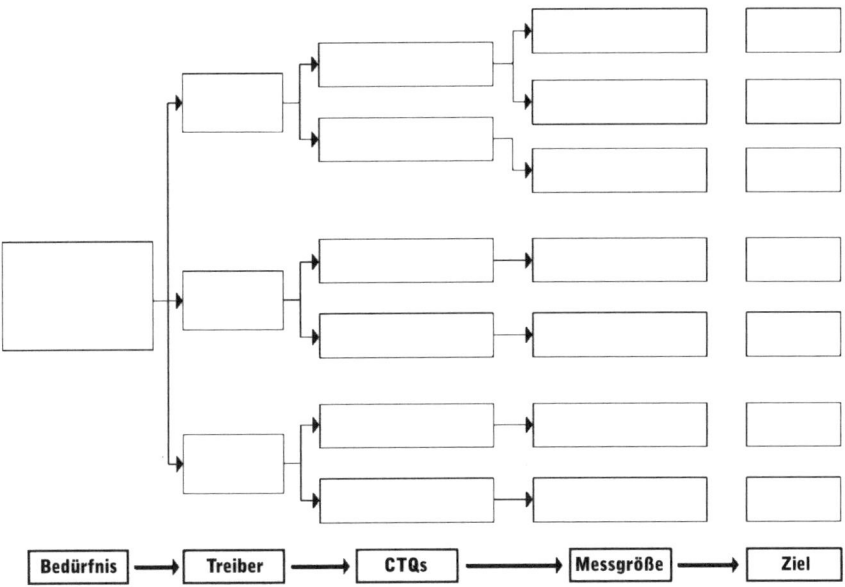

Abbildung 11: Der Treiberbaum

Mit einem Treiberbaum gelangen die Projektteilnehmer von den eher allgemeinen Kundenanforderungen zu messbaren Ergebnissen. Das Team übersetzt die Erwartungen der Käufer oder Kunden in kritische Qualitätsmerkmale – in Six Sigma-Sprache CTQs (critical to quality) genannt. Dabei kann es Kundenstimmen etwa aus Reklamationen, Umfragen oder allgemeinen Studien heranziehen oder es erarbeitet in einem Brainstorming, was die Kunden für wichtig erachten.

Um im Folgenden die konkreten Messgrößen bestimmen zu können und festzulegen, muss sich das Team diese Fragen stellen: Wie lassen sich die CTQs messen? Wie lassen sich die Kundenanforderungen quantifizieren? Dabei sollte man zunächst beachten, welche Größen im Unternehmen bereits erfasst werden und wo Daten neu aufgenommen werden müssen. Diese Messgrößen lassen sich hinsichtlich Qualität oder Kosten aufteilen. Steht die Frage der Qualität im Fokus, so orientiert man sich an Messgrößen bezüglich Fehlerraten, Liefertreue, Genauigkeit. Will man die Effizienz eines Prozesses steigern, so wählt man Durchlaufzeiten, Kosten pro Teil, Ausbeute eines Prozesses als Messgrößen. Vermerken sollte man auch schon vorhandene Zielvorgaben durch Toleranzvorgaben, Spezifikationsgrenzen oder durch Benchmarks bei anderen Unternehmen.

TIPP: Berücksichtigen Sie nicht zu viele Erwartungen, damit das Projekt übersichtlich bleibt! Wenn Sie zu viele Baustellen auf einmal eröffnen, laufen Sie Gefahr, das Projekt nicht effizient durchführen zu können.

Die kritischen Messgrößen bezüglich Qualität und Effizienz liefern die Basis für die Phase »Messen«. Aus der Vielzahl möglicher Größen werden dort diejenigen gefiltert, die im Hinblick auf das Projektziel das höchste Potenzial besitzen.

Mit der Auswahl der passenden Messgrößen wird der erste Schritt im Six Sigma-Prozess abgeschlossen. Die Grundlage für alle weiteren Schritte ist mit der Definition geschaffen. Sie dient im weiteren Verlauf als Basis und sollte immer wieder zur Orientierung herangezogen werden. Sobald man zu sehr von den hier festgelegten Definitionen abweicht, muss korrigierend eingegriffen werden. Denn um im letzten Schritt, der Kontrolle, auf aussagekräftige Ergebnisse zu kommen, muss der hier gesteckte Weg auch tatsächlich beschritten werden – andernfalls ist keine Auswertung möglich, die Aufschluss darüber gibt, ob die gewählten Prozessveränderungen ihre Wirkung erreicht haben.

Zum Abschluss dieses Kapitels werden mit den Fallstricken im Definitionsprozess, dem Werkzeugkasten sowie einer Checkliste die Besonderheiten der ersten Phase nochmals zusammengefasst.

3.7 Fallstricke im Definitionsprozess

Schon bei der Definition des Projekts lauern viele Fallen: Die Gefahr besteht immer, dass Auftraggeber und Projektleiter ein zu großes Projekt wählen, das zu umfangreich ist und zu viele Schnittstellen betrifft. Die Fehler bei der Projektauswahl wirken sich schon in der Definitionsphase aus. Dazu gehört auch die Wahl der richtigen Projektteilnehmer: Sind es zu wenige, schaffen sie es nicht, das Projekt ausreichend voranzutreiben, und sind schnell mit der Arbeit überfordert. Sind es zu viele, dann lassen sich beispielsweise Meetings nur noch schwer koordinieren, die Diskussionen werden zu umfangreich und langwierig und es wird immer schwerer, einen Konsens zu finden. Die optimale Größe für ein Team sind sechs bis maximal zehn Teilnehmer. Und alle sollten die Vision der Verbesserung, die das Management hat, teilen!

Der Auftraggeber sollte das Projektziel klar definieren: Gefordert sind möglichst »harte« Messgrößen, nicht weiche Kundenkriterien. Es kann auch vorkommen, dass bestimmte Größen sich nicht messen lassen – dann ist das Projekt zum Scheitern verurteilt! Das Team sollte nicht versuchen, zu viele Kundenanforderungen im Projekt zu erfüllen, denn sonst könnte es an der Unternehmensstrategie vorbei arbeiten und das Ziel des Projekts aus den Augen verlieren. Schließlich sollen am Ende des Projekts weniger Fehler, zufriedenere Kunden und mehr Profit für das Unternehmen stehen. Außerdem wird die Definieren-Phase uferlos, wenn man monatelang über Kundenanforderungen diskutiert.

Auf der anderen Seite lauern hier die Gefahren, dass die Kriterien nicht abgesichert, also nicht verifiziert sind, und dass das Team sie nicht richtig bewertet – gerade bei der Abwägung von Kosten und Nutzen kommt dies häufiger vor. Der SIPOC sollte deshalb im Team und nicht im stillen Kämmerlein erstellt werden. Hierbei darf der Prozess nicht zu detailliert aufgezeigt werden, allerdings müssen alle Kunden und Lieferanten aufgeführt sein.

Die größte Gefahr ist jedoch – und das nicht nur in dieser Phase –, dass der Projektleiter und sein Team den Auftraggeber nicht einbinden und ihm keine Statusberichte zur Verfügung stellen. Beim Auftraggeber kann dann leicht der Eindruck entstehen, das Team komme mit seiner Arbeit nicht voran und das Projekt könnte scheitern. Im schlimmsten Fall wird er das Projekt abbrechen.

3.8 Werkzeugkasten: Karten, Formulare, Diagramme und Werkzeuge für den Definitionsprozess

Für diese Phase werden folgende Werkzeuge benötigt:

- *Projektvertrag*: Hier werden die Ziele des Projekts schriftlich festgehalten, die Teilnehmer und Projektverantwortlichen genannt und eine Vereinbarung mit dem Auftraggeber geschlossen.
- SIPOC: Die Kunden-Lieferanten-Analyse ist eine grobe Darstellung des Prozessablaufs und gleichzeitig der Lieferanten und Kunden sowie der Eingangs- und Ausgangsgrößen.
- *Voice of the Customer (VoC)*: Basis des Six Sigma-Projekts sind die Kundenanforderungen, die das Team – am besten in einem Workshop gemeinsam mit den Kunden – herausarbeitet.
- *Treiberbaum*: Während der SIPOC den Prozessablauf grob darstellt, gelangt das Projektteam mit dem Treiberbaum zu messbaren Daten des Prozessablaufs.

3.9 Checkliste »Definition«

1. Die Projektauswahl ist abgeschlossen.

2. Die Formulierung des Projektzieles ist messbar, exakt und verständlich.

3. Der Projektvertrag ist vollständig ausgefüllt und vom Auftraggeber unterschrieben.

4. Das Einsparpotenzial ist realistisch abgeschätzt.

5. Die Teammitglieder— inklusive Stellvertreter — sind namentlich bekannt und vermerkt.

6. Die Meilensteine (DMAIC) sind geplant und dokumentiert.

7. Die Grenzen des Projekts sind festgelegt.

8. Der SIPOC ist erstellt.

9. Die Kundenanforderungen sind ermittelt und im Hinblick auf Unternehmensstrategie und Wichtigkeit ausgewählt.

10. Die Kundenanforderungen sind in messbare Größen übersetzt.

11. Die Zielvorgaben beziehungsweise Spezifikationen sind geprüft.

12. Der Zusammenhang zwischen Projektziel, SIPOC und Messgrößen ist vorhanden.

13. Die Ergebnisse der Analysephase sind mit Team diskutiert.

14. Sämtliche Werkzeuge und Methoden sind dokumentiert.

15. Der Projektleiter hat den Status des Projekts bezüglich Meilensteine und Kosten überprüft und dokumentiert.

16. Die Probleme und Erfahrungen sind dokumentiert.

17. Der Auftraggeber ist über den Projektfortschritt informiert.

4 Die Zahlen:
Messen des Ist-Prozesses

Der Arbeitsschritt »Messen« teilt sich in zwei Phasen auf: Zunächst muss festgelegt werden, mit welchen Messgrößen das Team dem Problem am besten auf die Spur kommt. Aus der Vielzahl der möglichen Daten, die es zur Beschreibung der Prozesse zur Verfügung hat, gilt es für die Teammitglieder, einige wenige Wichtige auszuwählen. Es müssen nicht zwingend viele Messgrößen sein, so lange sie aussagekräftig sind und alle wichtigen Aspekte des untersuchten Prozesses abbilden. Im Anschluss daran erhebt das Projektteam die Daten und überprüft die Messsysteme, die zu den Werten führen. Das kann auch bedeuten, dass es Daten recherchiert, die schon im Unternehmen vorhanden sind – und rückblickend die Messsysteme überprüft. Sind keine Daten vorhanden, muss das Projektteam einen Datenerhebungsplan bezüglich der vermuteten Ursachen erstellen und die Daten dann richtig messen.

In der zweiten Phase werden mit den nun vorliegenden Daten Berechnungen zur Prozessfähigkeit des derzeitigen Prozesses durchgeführt. Dieser Teil der Messphase ist quasi als Vorbereitung für die Analyse zu betrachten.

Warum sind Daten das A und O bei Six Sigma? Weil sich das Projektteam nur damit Klarheit über die derzeitige Leistungsfähigkeit des Prozesses verschaffen, ein statistisches Testverfahren, signifikante Unterschiede und Zusammenhänge herausarbeiten kann. Nur auf diese Weise ist auch eine quantifizierbare Verbesserung nach Abschluss des Projekts möglich. Auch in eher administrativen Prozessen, so genannten Geschäftsprozessen, lässt sich die Leistungsfähigkeit mithilfe von Berechnungen zu Durchlaufzeiten, Termintreue und Prozesskosten berechnen. In der Vergangenheit wurde dies eher selten gemacht, wird aber im Zuge einer Steigerung der Effizienz von Geschäftsprozessen immer mehr vorangetrieben.

Das Ziel in diesem Projektschritt ist, aus der Vielzahl der Messgrößen, die das Team für das Problem gefunden hat, die herauszustellen, die höchstwahrscheinlich die Ursache des Problems sind.

4.1 Aussagekräftige Schlüsseldaten festlegen

Der erste Schritt in Phase »Messen« ist, die wenigen wichtigen Einflussvariablen für den Prozess zu identifizieren. Das Team sammelt dafür alle Variablen, die irgendwie Einfluss auf das Problem haben können. Dann sortiert und bewertet es sie, und zum Schluss wählen die Projektmitarbeiter aus den Variablen diejenigen aus, von denen sie vermuten, dass sie die Ursache für das Problem sind. Dazu benutzt das Team so genannte »soft tools«, die nicht mit einer statistischen Beweisführung im Zusammenhang stehen, sondern eher dem Vorwissen aus dem Prozess entstammen. Im Anschluss an diese Vorauswahl haben die Teammitglieder die wenigen wichtigen Variablen (vital fews), in denen sie die Ursache für das Problem vermuten, identifiziert. Anschließend erfolgt die Festlegung, wie diese Einflussfaktoren gemessen werden können.

TIPP: Veranstalten Sie für die Auswahl der einflussreichsten Faktoren im Hinblick auf eine Prozessverbesserung einen Workshop. Denken Sie auch daran, Nicht-Teammitglieder, die aber wichtige Prozessexperten sind, falls nötig dazu einzuladen.

4.1.1 Welche Faktoren wirken auf einen Prozess?

Für Six Sigma unterscheidet man vier Faktorentypen, die Einfluss auf den Prozess nehmen können:

- Beeinflussbare Faktoren, auch Regelgrößen oder »controllable inputs« genannt: Das sind Größen, die Einfluss auf den Output, also auf das Ergebnis, haben und zur Steuerung verwendet werden.
- Störgrößen sind Variablen, die sich nur schwer oder gar nicht regeln lassen.
- Konstante Variablen sind zum Beispiel Vorgabedokumente, Inputs, die einen standardisierten Prozessablauf vorgeben.
- Unbekannte Faktoren sind Variablen, von denen vermutet wird, dass es sie gibt und dass sie irgendwie Einfluss auf das Problem haben. Sie sind diejenigen Faktoren, die sich erst im Projekt durch Visualisierung oder Datenanalyse herauskristallisieren.

Ziel ist, die kontrollierbaren Einflussfaktoren, die das Problem verursachen, zu ermitteln, aber auch gleichzeitig die nicht-kontrollierbaren und unbekannten Faktoren zu quantifizieren.

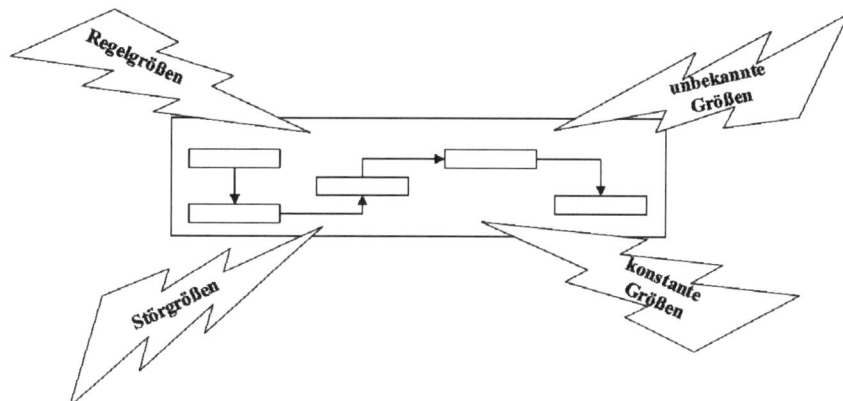

Abbildung 12: Einflussfaktoren auf einen Prozess

Der erste Schritt zur Auswahl der »wenigen wichtigen« Variablen ist, alle möglichen Ursachen beziehungsweise Einflussfaktoren zu sammeln und zu sortieren. Unverzichtbar ist dazu das Wissen der Teammitglieder. Hier liegt auch der Grund, warum Teamarbeit Grundvoraussetzung für ein erfolgreiches Six Sigma-Projekt ist: Man stelle sich einen Trichter vor, in dem von oben alle zum Problem möglichen Ursachen hineingeworfen werden. Innerhalb des Trichters wirken nun verschiedene Werkzeuge – unter anderem die Teammitglieder –, die einflussreiche von nicht einflussreichen Ursachen trennen.

Zum ersten Sammeln von möglichen Einflussfaktoren kann man sich verschiedener Methoden bedienen: Das Brainstorming ist den meisten Teammitgliedern bekannt. Will man gesteuert vorgehen, kann man sich klassischer Qualitätswerkzeuge bedienen. Diese helfen bei der Strukturierung und Priorisierung der Ursachen sowie einer Darstellung von Ursachen und deren Wirkung. Das kann ein Ursache-Wirkungs-Diagramm, auch als Ishikawa- oder Fischgrät-Diagramm bezeichnet, sein oder ein Treiberbaum.

Beim Ishikawa-Diagramm bildet das Problem den Kopf und das Rückgrat des Fisches. Oben und unten befinden sich die Gräten, die die möglichen Ursachen für das Problem darstellen. Es ist eine Sammlung – ein Cluster – von Ursachen, die sich in fünf M unterteilen lassen: Menschen, Maschinen, Methoden, Material und Mitwelt. In manchen Fällen kommt als sechstes M noch das Messverfahren hinzu. Zielvorgabe: »Frage fünfmal Warum und Du kommst an die wahren Ursachen!«

Für Dienstleistungen bieten sich hingegen die vier P an: Platz, Procedere (Abläufe), Personen und Policies (Vorschriften). Oder die vier S: Surroundings (Umgebung), Suppliers (Lieferanten), Systeme und Skills (Fertigkeiten).

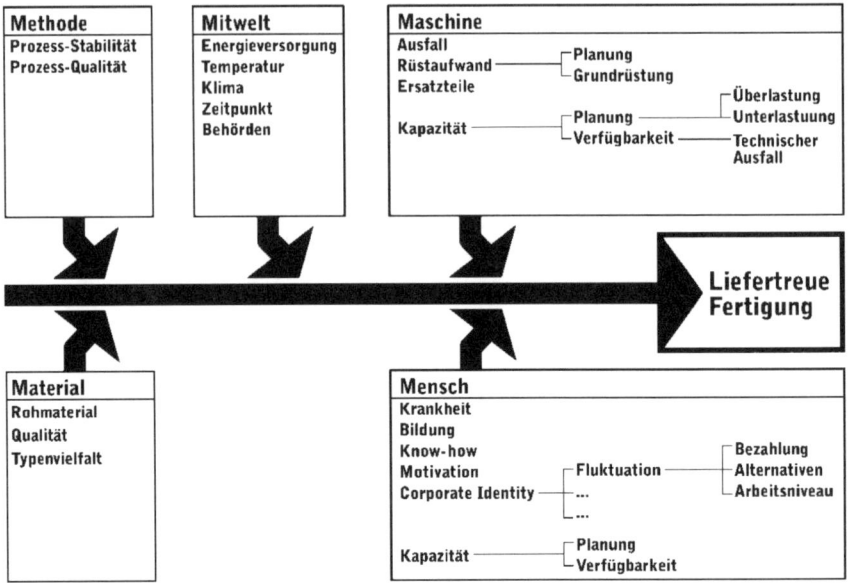

Abbildung 13: Ishikawa-Diagramm

TIPP: Man zeichnet einen Fisch auf eine Metaplan-Wand. Am Kopf steht das Problem, an jede einzelne Gräte gehört ein Cluster, entweder nach M-, P- oder S-Verfahren. Sekundäre Ursachen werden an die Gräten angehängt. Die Teammitglieder schreiben die von ihnen vermuteten Ursachen auf Karten oder einfache Zettel und kleben diese an die jeweiligen Gräten.

Vorsicht: Das soll keine Sammlung von Lösungsmöglichkeiten werden!

Im nächsten Schritt bewertet das Team die Ursachen bezüglich ihres Einflusses auf das Problem. Bei der eher intuitiven, dafür aber sehr schnellen Bewertung priorisieren die Projektmitarbeiter anhand von Punkten (1 bis 5), welche Ursachen sie für die wahrscheinlichsten des Problems halten.

Will man eine intensivere Ursache-Wirkungs-Analyse durchführen, kann man eine Ursache-und-Wirkungs-Matrix anfertigen: Sie stellt Beziehungen zwischen Input- und Outputvariablen her und legt den Fokus auf die Kundenanforderungen. Sie erhalten auf diese Weise einen Überblick über die wichtigsten Input-Faktoren.

TIPP: Nutzen Sie den SIPOC als Datenquelle!

Wichtigkeit für den Kunden		3	1	4	5	
PROZESS	Ausgangs- größen	geschnittene Zutaten	kochendes Wasser	gewürzte Suppe	schmackhafte Suppe	Total
Eingangsgrößen						
1 Zutaten		5	2	4	5	58
2 Wasser		0	5	2	2	23
3 Herd		0	5	1	4	29
4 Gewürze		0	2	5	5	47

Abbildung 14: Ursache-Wirkungs-Matrix

Zuerst werden die wichtigsten Ausgangsgrößen (Kundenanforderungen) und die Wichtigkeit für den Kunden bestimmt. Danach definiert das Team die wichtigsten Eingangsgrößen aus dem Prozess und anschließend für jede Eingangsgröße den Einfluss auf die Ausgangsgrößen. Dabei muss jedes einzelne Teammitglied sein Wissen einbringen. Niedrige Bewertung bedeutet: geringe Auswirkungen bei einer Veränderung der Eingangsgröße; dementsprechend hat eine hohe Bewertung gravierende Auswirkungen.

Verwenden Sie beispielsweise eine Skala zwischen 1 und 5. Multiplizieren Sie die jeweilige Bewertung des Inputs mit der Wichtigkeit für den Kunden und summieren Sie diese über die jeweilige Zeile (Eingangsgrößen). Als Ergebnis erhalten die wichtigsten Eingangsfaktoren (mit hoher Gesamtsumme). Priorisieren Sie diese oder verwenden Sie ein Pareto-Diagramm (siehe Abbildung 16).

Eine weitere Möglichkeit, Ursache und Wirkung zu bewerten, ist der Einsatz einer modifizierten FMEA, einer Fehler-Möglichkeits-Einfluss-Analyse. Auch hier rücken die Kundenanforderungen in den Fokus der Betrachtung. Bewertet wird dabei nach drei verschiedenen Kategorien: Fehlerarten – Auswirkungen, Fehlerursache und Kontrollmaßnahmen. Das Team notiert jeden einzelnen Prozessschritt in einem FMEA-Formular, schreibt die Fehlerarten für den jeweiligen Prozessschritt untereinander auf und notiert zu jeder auch die Konsequenzen, die sich aus ihr ergeben (Auswirkungen). Danach bewertet es die Bedeutung der Auswirkungen mit einer Skala von 1 (eher unwichtig) bis 10 (sehr wichtig). Schließlich trägt das Projektteam die mögliche Fehlerursache zur jeweiligen Fehlerfolge ebenso ein wie derzeitige Kontrollmaßnahmen. Diese drei Zahlen (Bewertungsskalen siehe unten) multipliziert man, daraus ergibt sich die Risikoprioritätszahl (RPZ) – je höher, desto dringlicher ist die jeweilige Fehlerfolge.

Nach allgemeinem Konsens sollte die RPZ nicht über einem Wert von 100 liegen: Alles, was darüber liegt, hat einen großen Einfluss auf den Prozess.

Prozess-schritt	Nr	möglicher Fehler	mögliche Auswirkungen eines Fehlers	Bedeutung (B)	mögliche Ursachen	Auftreten (A)	derzeitige Kontroll-maßnahme	Entdeckung ?	RPZ
Versand von Do-kumenten	A	falscher Text	Fehlinformation	7	falscher Text hinterlegt	5	Update Text	2	70
	B	falsche Adresse	Kunde erhält Dokument nicht	10	falsche Eingabe	2	Abgleich mit Personalabteilung	5	100
	C	zu spät versendet	Absage	6	Terminplanung falsch	4	wöchentliche Planung	4	96
	D	gar nicht versendet	Kunde erhält Dokument nicht	7	Keine Systemeingabe	2		3	42
	E	Stornierung nicht beachtet	Kunde erhält Dokument	4	Stornierung vergessen	2	Abgleich System	2	16
	F	Absender fehlt	Rückantwort nicht möglich	3	falscher Umschlag	2		3	18
	G	xy	xy	5	xy	3	xy	1	15
	H	xy	xy	1	xy	2	xy	2	4
	I	xy	xy	4	xy	5	xy	3	60

Abbildung 15: Fehler-Möglichkeits-Einfluss-Analyse (FMEA)

Bedeutung (Auswirkungen auf den Kunden)
kaum wahrnehmbare Auswirkungen
unbedeutender Fehler   = 1
geringe Belästigung für den Kunden = 2 – 3
mäßig schwerer Fehler   = 4 – 6
schwerer Fehler,
Verärgerung des Kunden   = 7 – 8
äußerst schwerwiegender Fehler   = 9 – 10

Wahrscheinlichkeit des *Auftretens*
unwahrscheinlich   = 1
sehr gering   = 2 – 3
gering   = 4 – 6
mäßig   = 7 – 8
hoch   = 9 – 10

Wahrscheinlichkeit der *Entdeckung*
(vor Auslieferung an den Kunden)
hoch   = 1
mäßig   = 2–5
gering   = 6–8
sehr gering   = 9
unwahrscheinlich   = 10

TIPP: Legen Sie ein Ranking der RPZ an, die ersten vier Faktoren sind wahrscheinlich die Hauptursachen für Ihr Problem. Sie sind die »wenigen Wichtigen«, die Sie sich genauer anschauen sollten.

Das letzte Tool zur Auswahl der Variablen ist das Pareto-Prinzip. Es sagt aus, dass ungefähr 80 Prozent des Problems durch 20 Prozent der möglichen Ursachen entstehen. Mit anderen Worten: Es kann viele Ursachen geben, aber nur 20 Prozent davon bewirken vier Fünftel der Fehler. Für das Pareto-Prinzip braucht das Projektteam Daten wie Fehlleistungskosten, Ausschuss oder die Anzahl von Fehlern, die es nach Produkten, Maschinen oder nach Aufgaben kategorisiert.

In Balkendiagramme trägt man die Häufigkeit der jeweiligen Fehler ein. Die Gesamtsumme an Fehlern von allen Kategorien beziehungsweise Problemklassen ergeben 100 Prozent, die relative Höhe der Balken zeigt den Anteil an der Gesamtsumme von Fehlern. Alle Problemklassen, die 80 Prozent der Gesamtsumme ausmachen, sind die wichtigsten Einflussfaktoren auf das Problem. Die Analyseschwerpunkte setzt man auf genau diese identifizierten Faktoren.

Wozu braucht man das Pareto-Prinzip und wann kann man es anwenden? Es dient dazu, den relativen Einfluss unterschiedlicher Ursachen des Problems zu bewerten, die Hauptursachen zu ermitteln und einen Ausgangspunkt für die Verbesserung der Prozesse oder Behebung der Fehler zu beschließen.

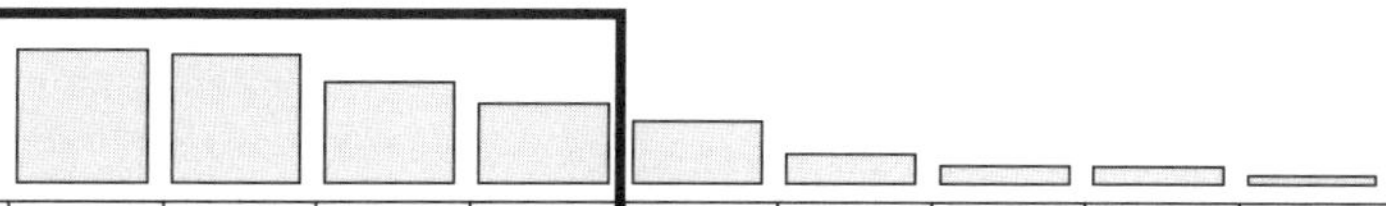

	B	C	A	I	D	F	E	G	Rest
Häufigkeit	100	96	70	60	42	18	16	15	4
Prozent	23,8	22,8	16,6	14,3	10	4,3	3,8	3,6	1
Kum. Prozent	23,8	46,6	63,2	77,4	87,4	91,7	95,5	99,0	100

Abbildung 16: Pareto-Diagramm

Die Anwendung bietet sich besonders dann an, wenn das untersuchte Problem beziehungsweise seine Ursachen in verschiedene Kategorien unterteilt werden können.

TIPP: Häufig ist es sinnvoll, das Diagramm mit Informationen zu den Kosten zu ergänzen. Mit seiner Hilfe lässt sich dann später ermitteln, ob die gewählten Verbesserungen auch tatsächlich den größtmöglichen Gewinn erzielen.

4.2 Prozessdaten erheben

Vom Sammeln kommt das Projektteam über das Sortieren und Bewerten zum Auswählen der wichtigsten Problemursachen. Dazu stellt es Vermutungen zu den möglichen Ursachen des Problems anhand der ermittelten Haupteinflussgrößen auf und sammelt diese. Diese Hypothesen sind Ansatzpunkt für die nächste anstehende Aufgabe: die Auswahl der Messgrößen für die Hauptursachen des Problems.

Diese Messgrößen haben die Projektmitarbeiter in einem ersten Schritt in der Phase »Definieren« anhand der CTQs (critical to quality) schon grob zusammengetragen. Die entscheidende Fragestellung in dieser Phase des Six Sigma-Projekts ist: »Mit welchen Messgrößen können wir unsere Ursachen messbar machen?«

EXKURS: Datenarten

Bei Messgrößen wird zwischen messbaren, also quantitativen, Merkmalen und beobachtbaren, also qualitativen, Merkmalen unterschieden. Quantitative Merkmale wiederum lassen sich in kontinuierliche Messwerte wie Längenmaße, Gewicht und so weiter gliedern sowie in diskrete Messwerte, etwa Anzahl der Fehler oder Fehler pro Einheit. Qualitative Merkmale lassen sich in Merkmale mit einer festen Rangstufe, zum Beispiel Notenstufen, und Merkmale ohne feste Rangstufe, wie fehlerhafte oder nicht fehlerhafte Merkmale, unterscheiden.

Ziel in Six Sigma-Projekten sollte sein, möglichst kontinuierliche Messgrößen zu erhalten: durch Messungen an Produkten, um beispielsweise Länge, Gewicht, Durchlaufzeiten, Dauer bis Abschluss eines Vertrages oder Anzahl von Aufträgen zu quantifizieren. In Kombination mit qualitativen Daten, etwa zu Produkttypen, Linien oder Schichten wird eine aussagekräftige Auswertung ermöglicht.

4.2.1 Geeignete Daten erheben

Die Teammitglieder recherchieren, welche Messdaten bereits – zum Beispiel aus Systemen wie SAP – im Unternehmen vorhanden sind, welche sie davon übernehmen können und ob diese Daten korrekt ermittelt wurden. Im gleichen Arbeitsschritt stellen sie fest, welche Messdaten sie erheben müssen, weil keine vorhanden oder nicht mehr brauchbar sind. Oftmals liegen keine Daten zu administrativen Prozessen vor. Nicht mehr brauchbar sind Daten, die beispielsweise veraltet sind oder das Problem nicht exakt abbilden.

Sind bereits vorhandene Daten korrekt erhoben worden, kann das Team diese für den Messprozess verwenden. Für die Prozessdatenerhebung muss das Projektteam die vorhandenen Daten so für den Prozess aufbereiten, dass die Fehler sichtbar werden, die das Problem wahrscheinlich verursachen.

Wichtig ist die Entscheidung für die richtigen Messstellen: Um eine Übersicht über mögliche und aussagekräftige Messstellen zu erhalten, sollte der Prozessablauf detailliert dargestellt werden. In der Abbildung des Prozessablaufes sind dann die Messstellen zu kennzeichnen. (Zur Erstellung des Prozessflussablaufes siehe auch Kapitel 5).

Beispiel Durchlaufzeiten: Zum Messen der Laufzeiten kann man auf das Prozessflussdiagramm zurückgreifen und sich eine Übersicht über die Durchlaufzeiten der einzelnen Prozessschritte schaffen.

Die Orte, an denen Datenerhebungen durchgeführt werden sollen, sollten bezüglich Aufwand und Kosten kritisch hinterfragt werden. Bei zu hohem Aufwand kann es Sinn machen, alternative Messstellen auszuwählen – oftmals ist mit erheblich geringerem Aufwand eine im Ergebnis nicht entscheidend schlechtere Messung möglich.

4.2.2 Datenerhebung

Das Vorgehen hierzu erfolgt in drei Schritten: Zuerst überlegen die Projektbeteiligten, wie die Stichprobe aussehen muss – sie erstellen also eine Stichprobenplanung, weil oft beispielsweise eine hundertprozentige Aufnahme bei Produktionsprozessen nicht möglich ist.

Das Projektteam überprüft im nächsten Schritt die Messsysteme (Maschinen, Systeme), mit denen es die Daten erheben will, auf ihre Genauigkeit.

Im dritten Schritt wird schließlich ein detaillierter Datenerhebungsplan erstellt. Darin wird genau beschrieben, was das Projektteam untersucht, zum

Beispiel Fehlerarten beim Ausstanzen, welche Daten vorliegen (Datenart), ob es kontinuierliche Daten sind, also alles, was auf Skalen gemessen werden kann wie Temperatur, Dicke und Zeit, oder attributive Daten wie »gut« und »schlecht«.

4.3 Stichprobenplanung

Daten aus einem Prozess aufzunehmen, ist in manchen Fällen ein sehr aufwändiger Prozess. Darum wird nicht die Gesamtheit der Daten betrachtet, was in fortlaufenden Prozessen ja auch nicht möglich ist, sondern man betrachtet nur einen bestimmten Anteil des Prozesses in Form von Stichproben. Fundierte Berechnungen zum Prozess lassen sich nur auf Basis repräsentativer Stichproben machen. Die Frage lautet demnach: »Wie viele Stichproben muss ich für ein aussagekräftiges Ergebnis ziehen?«

Faktoren, die das Projektteam in seine Überlegungen einbeziehen sollten, sind, welche Datenarten es aufnehmen möchte, wie es die Stichproben weiterverarbeitet und wie zuverlässig diese sein müssen.

Es gibt vier verschiedene Stichprobenarten: Zufall-Stichprobe, geschichtete Zufall-Stichprobe, systematische Stichprobe, systematische Stichproben in Untergruppen.

Die Zufall-Stichprobe wird ohne statistische Techniken ausschließlich bei Populationen, also bei Gesamtgruppen, erhoben und nicht auf Prozesse angewendet.

Die geschichtete Zufall-Stichprobe konzentriert sich auf Teilgruppen. Man kennt den Anteil der Teilgruppen an der Grundgesamtheit. Die Einheiten, die gezogen werden, sind ihrem Anteil nach festgelegt und werden dann per Zufall gezogen.

Alternativ gibt es bei der geschichteten Stichprobe noch die proportionale Stichprobe: Hier wird sozusagen die Teilgruppe proportional zur Gesamtgruppe (Population) in der Stichprobe repräsentiert.

Interessanter für das Thema Six Sigma und Prozesse sind systematische Stichproben: Der Grund dafür ist, dass man es mit keiner konkret definierbaren Grundgesamtheit beziehungsweise Population zu tun hat, sondern mit einer fiktiven Grundgesamtheit. Um mit diesem Stichprobenverfahren Prozesse gut beurteilen zu können, muss man wissen, ob der Prozess stabil ist oder nicht, das heißt, ob er wiederholt gleichförmig oder eher unregelmäßig abläuft. Bei instabilen Prozessen muss die Stichprobe größer sein. Stichproben aus stabilen Prozessen können weniger umfangreich sein; hier spielen auch Zeit und Kosten eine entscheidende Rolle.

Die Stichproben müssen repräsentativ sein. Dazu muss sich das Projektteam überlegen, welche Gruppen es einbezieht, in welchen Anteilen zueinander, wann und wie oft es die Stichprobe nehmen will und wo sie genommen werden soll. Alle möglichen Einflussfaktoren sollten gewirkt haben.

Bei systematischen Stichproben werden die Teile oder Elemente nach bestimmten Kriterien ausgewählt. Beispiel: Befragung jedes siebten Kunden oder Untersuchung jedes zehnten Teils aus einer Maschine. Systematische Stichproben eignen sich vor allem für niedrigvolumige Prozesse.

Bei hochvolumigen Prozessen greift man auf systematische Stichproben in Untergruppen zurück: Bei täglichen Prozessen sollte man Stichproben beispielsweise stündlich in den Subgruppen sammeln. Beispiel: In einem Call-Center nimmt man alle zwei Stunden fünf Gespräche als Stichprobe, um ein repräsentatives Gesamtbild zu erhalten.

TIPP: Grundsätzlich möchte man mit Stichproben das Verhalten des Prozesses über einen bestimmten Zeitraum hinweg erfassen. Für die Definition der Zeitpunkte beziehungsweise der Zeitabschnitte gibt es keine klaren Regeln. Das Projektteam muss sich den Prozess ansehen und entscheiden, was machbar ist. Die Stichproben sollen aus verschiedenen Zeitabschnitten gezogen werden. Man sollte eher häufig kleine Stichproben nehmen statt große Stichproben in großen Zeitabständen.

Die Stichprobenplanung geht in den Datenerfassungsplan ein und wird dort festgelegt. Formeln zur Berechnung von Stichprobenumfängen finden sich in der weiterführenden Literatur.

4.3.1 Datenerfassungsplan

Wozu braucht man einen Datenerfassungsplan? Er ist notwendig, damit alle Projektbeteiligten und alle Mitarbeiter, die an der Datenerfassung beteiligt sind, die Daten einheitlich messen können und wissen, wie die Erfassung der Stichproben vor sich geht. Nur auf diese Weise lässt sich auch noch später nachvollziehen, wie die Daten aufgenommen wurden. Das macht sie außerdem mit Daten, die nach demselben Plan zu einem anderen Zeitpunkt erfasst werden, vergleichbar. Das wiederum ist Voraussetzung, um verbesserte Prozesse später erkennen zu können.

Unter-suchungs-einheit	Untersuchungsmerkmal Ausgangsgröße								
	Messgröße (Y)	Kategorien	operationale Definition (Y)	Datenart	Messpunkt (im Prozess)	Erhebungs-instrument	Stichproben-umfang	Erhebungs-zeitraum	
"Gehäuse"	Oberfläche	Kratzer	i.O./n.iO.	attributiv	Endkontrolle				
		Beulen	Tiefe/Höhe	kont.					
		Beschichtung	Dicke	kont.					
	Untersuchungsmerkmal Einflussgrößen								
Messgröße (X)		Kategorien Subgruppen	operationale Defintion (x)	Datenart	Messpunkt (im Prozess)	Erhebungs-instrument	Stichproben-umfang	Erhebungs-zeitraum	
F.-Linie				attr.		Formular XY			
Mitarbeiter				attr.		Interview			
Werkzeuge				attr.		Fragebogen			
Fertig.-Datum				Date					
# P-Schritte				kont.					
Durchlaufzeit				kont.					
Material				attr.					
Lieferant				attr.					

Abbildung 17: Beispiel für einen Datenerfassungsplan

Folgende Merkmale sollten im Datenerfassungsplan festgehalten werden:

- Was ist die Untersuchungseinheit?
- Was ist die Ausgangsgröße? (Was ist Gegenstand des Projektthemas?)
- Was sind die Einflussgrößen für die Ausgangsgröße?
- Mit welchen Größen soll gemessen werden? Dazu gehört eine detaillierte Beschreibung, wie gemessen werden soll. Bei Bedarf sollte man Arbeits- oder Prüfanweisungen erstellen.
- Welche Datenarten?
- An welcher Stelle im Prozess wird gemessen?
- Mit welchem Stichprobenumfang soll gemessen werden?
- In welchem Zeitraum?
- Mit welchen Erhebungsinstrumenten beziehungsweise Messsystemen soll gemessen werden?

4.3.2 Formulare zur Datenerhebung

Der Einsatz von Formularen erleichtert es den Prozessbeteiligten die Daten einfach und zügig zu erfassen. Dadurch ist eine standardisierte Aufnahme und Weiterverarbeitung der Daten gewährleistet. Sie sollten nicht zu kompliziert aufgebaut sein, sonst muss das Projektteam vorher noch die Mitarbeiter einweisen.

Je nach Art der Daten können Fragebögen, Daten- oder Fehlersammelkarten, Strichlisten, Formulare zur Zeiterfassung der Prozessschritte, Fehlerhäufungsdiagramme und mehr eingesetzt werden.

Untersuchseinheit	Fehler an XY	
Prüfer	XY	
Datum/Uhrzeit	XY	
Fehlerursache	**Häufigkeit**	**Anmerkungen**
Kratzer	|	
Beule	||	
Absplitterung	|||||||	
Schlieren	||	
Blasen	|||	
Risse	||||	

Abbildung 18: Beispiel für eine vereinfachte Fehlersammelkarte

Abschließend muss das Projektteam noch klären, wie die Daten aufbereitet werden – etwa mit dem Kalkulationsprogramm Excel – und wie die Daten so in ein System übertragen werden, dass man mit ihnen im Hinblick auf statistische Untersuchungen oder eine grafische Darstellung weiterarbeiten kann.

Die erhobenen Daten werden in festgelegter Reihenfolge gesammelt und zur späteren Bearbeitung im Computer erfasst.

Wichtig ist auch, dass man alle an der Datenerfassung Beteiligten genau informiert und sie auch darauf hinweist, dass sie die Daten korrekt und vollständig, wie beschrieben, aufnehmen. Der Projektleiter sollte den Beteiligten die Wichtigkeit der Aufgabe bewusst machen: Ist die Datenaufnahme unvollständig, dann ist eine korrekte Auswertung der Daten nicht möglich.

Aber nicht nur die Mitarbeiter sollten für eine korrekte Datenaufnahme geschult werden, sondern auch die Messsysteme, die verwendet werden, sollten auf ihre Messfähigkeit hin überprüft werden. Dies muss noch vor Durchführung der Messungen geschehen.

4.4 Kontrolle der Methode: Sind die Daten genau? (Messsystemanalyse)

In diesem Arbeitsschritt untersucht das Projektteam alle Messgeräte, die es zur Datenerhebung einsetzt, im Hinblick darauf, inwieweit sie tatsächlich das messen, was zu messen ist. Damit soll verhindert werden, dass die Ursachen für das Problem auf den Messfehlern des Systems fußen und nicht auf einem Prozessfehler. Nimmt man an dieser Stelle keine Messsystemanalyse vor, lässt sich später ein Messfehler nicht mehr von einem Prozessfehler trennen – das Six Sigma-Projekt wäre damit zum Scheitern verurteilt. Grundsätzlich will man hier Verfälschungen in der Auswertung identifizieren und mit Zahlen belegen, die aussagen, wie groß der Anteil des Messfehlers an der gesamten Prozessstreuung ist. Ziel ist, nur mit einem Messgerät zu arbeiten, dessen Streuung vernachlässigbar ist.

Das Ergebnis des beobachteten Prozesses, die Gesamtstreuung, unterteilt sich auf der einen Seite in die Abweichung, die aus dem Prozess heraus geschieht. Auf der anderen Seite steht die Streuung, die aus dem Messsystem heraus entsteht – das ist der so genannte Messfehler. Dieser Messfehler unterteilt sich wiederum in fünf Kategorien und die Zufälligkeit in der Stichprobe.

Bei der Erfassung der Güte des Messsystems sind fünf Kriterien ausschlaggebend:

1. die Genauigkeit (accuracy) – sie zeigt sich im Grunde in der Abweichung des Mittelwerts der Messung vom wahren Wert bei wiederholtem Messen;
2. die Wiederholpräzision (repeatability) – sie zeigt sich in der Variation der Messungen. Man untersucht, inwieweit derselbe Messer mit demselben Messgerät am selben Ort immer zu dem (möglichst) selben Ergebnis kommt;
3. die Vergleichspräzision (reproducibility) – sie beschreibt, ob verschiedene Prüfer mit demselben Messgerät, derselbe Prüfer mit verschiedenen Messgeräten oder derselbe Prüfer mit demselben Messgerät an unterschiedlichen Orten desselben Objekts die (möglichst) selben Ergebnisse erhält;
4. die Stabilität – über dieses Kriterium erhält man Aufschluss, wenn man über einen längeren Zeitraum die Variation beziehungsweise Messfehler des Messgeräts untersucht;
5. die Auflösung – sie beantwortet die Frage, inwieweit das Messsystem fähig ist, auch kleinste Veränderungen festzustellen.

Mit Messfähigkeitsindizes messen die Projektteilnehmer die Messsystemabweichungen. Genaue Anweisungen zu Fähigkeitsuntersuchungen von Messeinrichtungen finden sich in den DIN-Normen.

Durchgeführt wird jeweils eine Untersuchung zur Wiederholpräzision (Verfahren 1) und zur Vergleichspräzision (Verfahren 2).

Verfahren 1:

Voraussetzungen für eine Untersuchung zur Wiederholpräzision sind:

- wiederholte Messungen,
- ein kalibriertes »Normal« am Einsatzort der Messeinrichtung,
- ein eingewiesener Bediener.

Bestimmt werden:

- der Fähigkeitsindex c_{gm} (Fähigkeitskennzahl des Messsystems ohne Berücksichtigung der Lage) und
- der Fähigkeitsindex c_{gmk} (Fähigkeitskennzahl des Messsystems mit Berücksichtigung der Lage).

Formelzeichen:

T = Merkmalstoleranz

$s_{Messmittel}$ = Standardabweichung des Messmittels

Formeln:

$$c_{gm} = \frac{0,2 \times T}{6 \times s_{Messmittel}}$$

Berechnung der Fähigkeit zur oberen Toleranzgrenze (c_{gmko})

$$c_{gmko} = \frac{(X_{Normal} + 0,1 \times T) - \bar{x}_{Messmittel}}{3 \times s_{Messmittel}}$$

Berechnung der Fähigkeit zur unteren Toleranzgrenze (c_{gmku})

$$c_{gmku} = \frac{\bar{x}_{Messmittel} - (X_{Normal} + 0,1 \times T)}{3 \times s_{Messmittel}}$$

Der kleinere Fähigkeitswert von (c_{gmko}) und (c_{gmku}) wird als Kennwert für die Untersuchung genommen.
Die Mindestanforderungen betragen $c_{gm} > 1,33$ und $c_{gmk} \geq 1,33$

Verfahren 2 (unterschiedliche Bediener):

Voraussetzungen für eine Untersuchung zur Vergleichspräzision:

- nachgewiesene Fähigkeit nach Verfahren 1,
- gleiches Messgerät,

- zwei beziehungsweise drei verschiedene Gerätebediener,
- Stichprobenumfang von etwa zehn Teilen,
- festgelegter Prüfort,
- jeweils zwei Durchgänge pro Bediener (insgesamt bis zu 60 Messungen)

Prüfmittel-Fähigkeitsuntersuchung

Datum:	X Normal:
Prüfer:	Toleranz:
Prüfm.-Bez.:	Einheit:
Prüfm.-Nr.:	Temp.:
Verwendungszweck:	Standartabw.:

Inspektor A

Teil-Nr.	M.1	M.2	M.3	Range
1				0,00
2				0,00
3				0,00
4				0,00
5				0,00
6				0,00
7				0,00
8				0,00
9				0,00
10				0,00
Summe	0,00	0,00	0,00	0,00
			R quer A	0,000
			Sum A	0,00
			qx A	0,00

Inspektor B

Teil-Nr.	M.1	M.2	M.3	Range
1				0,00
2				0,00
3				0,00
4				0,00
5				0,00
6				0,00
7				0,00
8				0,00
9				0,00
10				0,00
Summe	0,00	0,00	0,00	0,00
			R quer B	0,000
			Sum B	0,00
			qx B	0,00

Obere Eingriffsgrenzen RANGE

OEGR	0,000		D4	2,580		R quer	0,000

Totale Varianz

xq Diff	0,000
K1	3,05
K2	3,65

Prüfmittel-Wiederholpräzision

LV	0,000

Prüfmittel-Wiederholpräzision

IV	

Total Varia. TV	

Ergebnis in %

Prüfmittel-Wiederholpräzision	
Inspektor-Vergleichspräzision	
Totale Varianz TV	

0– <10% sehr gut / 10 – 30% ausreichend / >30% nicht annehmbar

Abbildung 19: Prüfmittel-Fähigkeitsuntersuchung (Quelle: www.woller-gti.de)

Durchführung: Die Prüfteile werden nummeriert und zweimal in gleicher Reihenfolge vom jeweiligen Prüfer gemessen.

Bestimmt werden:

- Berechnung der Mittelwerte aus den Werten der beiden Messreihen für jeden Bediener,
- Berechnung der Standardabweichung aus den Differenzen von Reihe 1 und Reihe 2,
- Berechnung des Gesamtstreubereichs s_m des Messmittels.

Formeln:
Mittlere Standardabweichung der Messeinrichtung $\bar{s}$
   Die Berechnung der Standardabweichung des Bedienereinflusses ergibt sich aus den drei Mittelwerten der Bediener

$$\bar{s}_\Delta = \frac{s_{\Delta A} + s_{\Delta B} + s_{\Delta C}}{3} \qquad \bar{s} = \frac{\bar{s}_\Delta}{\sqrt{2}}$$

Gesamte Abweichung der Messeinrichtung s_m

$$s_m = 6 \times \sqrt{\bar{s}^2 + s_{Bediener}{}^2}$$

$$s_m\% = \frac{s_m \times 100\,\%}{T}$$

Auswertung: Bezogen auf die Merkmalstoleranz
$s_m\%$ = 0 % bis 20 %   gut
$s_m\%$ = 21 % bis 30 % begrenzt einsetzbar
$s_m\%$ = über 30 %   nicht akzeptabel

Was kann man tun, wenn das Messsystem nicht geeignet ist? Stellt sich das Messsystem als ungeeignet heraus, gilt es nachzuforschen, ob es ein geeigneteres, qualifizierteres Messsystem gibt und ob die Ursachen des Problems nicht aufgrund des Messsystems entstanden sind. Ansonsten müssen bei der Aufnahme der Daten (im Datenerhebungsplan) andere Einflussgrößen (Messgrößen) gefunden werden, bei denen man nicht auf das untaugliche Messsystem zurückgreifen muss.

   Im Folgenden geht es an die Verarbeitung der aufgenommenen Daten. Dazu gibt es einerseits die Methode der Datendarstellung und andererseits die Berechnung der Kennzahlen zur Prozessfähigkeit mithilfe der erhobenen Daten.

4.4.1 Weiterverarbeitung der Daten

Im zweiten Teil des Schritts »Messen« geht es um die Verarbeitung der Daten zu aussagekräftigen Kennzahlen oder Diagrammen. Die Berechnung von Kennwerten wie Mittelwerten und Standardabweichungen aus der Stichprobe, sowie Kennzahlen für die Fähigkeit des Ist-Prozesses und der Einsatz von Qualitätsregelkarten dienen als Aufnahme der derzeitigen Leistungsfähigkeit des Prozesses und als Ausgangsbasis für die weitere Analyse.

Berechnung von Kennwerten für die Stichprobe

Arithmetisches Mittel (Mittelwert), Standardabweichung, Varianz, Range und Median sind die klassischen und in Six Sigma-Projekten am häufigsten verwendeten Kennwerte für kontinuierliche Variablen. Bei quantitativen Stichproben sollte man die Häufigkeiten der einzelnen aufgenommenen Variablen, Anzahl der Fehler und so weiter berechnen.

Im ersten Schritt sollte das Projektteam für die aus dem Prozess aufgenommenen Stichproben die »klassischen Kennwerte« berechnen. Das arithmetische Mittel sowie der Median werden dabei als Lagekennwerte bezeichnet. Sie lassen sich folgendermaßen berechnen:

Arithmetisches Mittel/Mittelwert
Hierunter versteht man die Summe aller Beobachtungen geteilt durch die Anzahl aller Beobachtungen.

Formelzeichen:
$\bar{x}$ Mittelwert der Stichprobe;
x_i Einzelwerte der Stichprobe;
n Umfang der Stichprobe

Formel: $\bar{x} = \dfrac{\sum x_i}{n}$

Median
Dieser Lagekennwert beschreibt den Wert, der die nach Größe sortierten Messwerte in zwei gleiche Teile zerlegt. Bei einer geraden Anzahl von Messwerten berechnet sich der Median aus dem Mittelwert der in der Mitte liegenden Werte.

Formelzeichen:

$\tilde{x}$ Median;

x_m Wert in der Mitte der Rangfolge

Formel: $\tilde{x} = x_m : m = \dfrac{n + 1}{2}$ (n ungerade)

$\tilde{x} = \frac{1}{2}[x_m + x_{(m+1)}]$ (n gerade)

Als Streuungskennwerte werden Standardabweichung, Varianz und Range bezeichnet. Sie berechnen sich folgendermaßen:

Standardabweichung
Formelzeichen:

s Standardabweichung;

$\bar{x}$ Mittelwert der Stichprobe;

x_i Einzelwerte;

n Umfang der Stichprobe

Formel: $s = \sqrt{\dfrac{\Sigma(x_i - \bar{x})^2}{n - 1}}$

Varianz
Dieser Wert entspricht dem Quadrat der Standardabweichung.
Formelzeichen:

s^2 Varianz;

$\bar{x}$ Mittelwert der Stichprobe;

x_i Einzelwerte;

n Umfang der Stichprobe

Formel: $s^2 = \dfrac{\Sigma(x_i - \bar{x})^2}{n - 1}$

Range
Dieser Streuungskennwert drückt die Spannweite einer Stichprobe aus.
Formelzeichen:

R   Range;

x_{max} größter Wert in der Stichprobe;

x_{min} kleinster Wert in der Stichprobe

Formel: $R = x_{max} - x_{min}$

4.4.2 Verteilungsmodelle

Jede Sammlung von Daten oder Messwerten ergibt eine bestimmte Verteilung oder Streuung. Je nach Datenart verhalten sich die Beobachtungen aus der Stichprobe bezüglich ihrer Verteilung in der Grundgesamtheit nach unterschiedlichen Modellen. Warum ist dies für Six Sigma-Projekte wichtig? Die richtige Zuordnung der Beobachtungen zum passenden Verteilungsmodell hat Konsequenzen für die Berechnungen sämtlicher Kennzahlen und – im späteren Verlauf – beim Einsatz der statistischen Testverfahren. Grundsätzlich besteht ein Unterschied in der Verteilungsart von kontinuierlichen Daten, also Messwerten wie Durchmesser, Gewicht oder Länge, und diskreten Merkmalen wie Häufigkeiten oder Anzahl von Fehlern.

Die bekannteste Verteilung ist die Normalverteilung. In der Six Sigma-Philosophie spielt sie eine große Rolle – schließlich ergeben Berechnungen auf Basis der Normalverteilung den Sigma-Wert des untersuchten Prozesses. Darauf wird bei der Berechnung des Process Sigma genauer eingegangen (siehe Kapitel 4.7).

Grundbegriffe zur Normalverteilung

Das Charakteristische der Normalverteilung ist die Anhäufung von Messwerten um einen Mittelwert: Je weiter entfernt vom Mittelwert, desto weniger Messwerte finden sich.

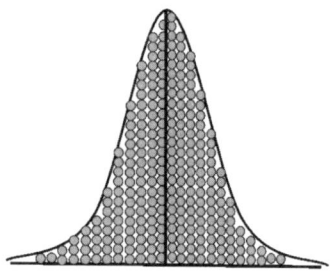

Abbildung 20: Normalverteilung

Die Normalverteilung lässt sich durch die Kennwerte Mittelwert und Standardabweichung beschreiben. Liegt der Mittelwert bei 0 und beträgt die Standardabweichung 1, spricht man von der Standard-Normalverteilung. Die Fläche unterhalb der Kurve gibt die Wahrscheinlichkeitsdichte an, in der Beobachtungen zu erwarten sind.

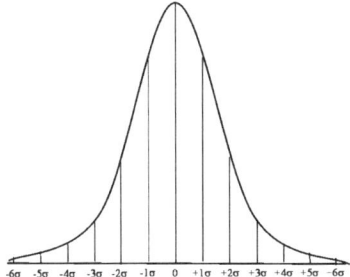

Abbildung 21: Grenzwerte der Normalverteilung

Grenzen	Werte innerhalb	Werte außerhalb
± 1 σ	68,27 %	31,73 %
± 2 σ	95,45 %	4,55 %
± 3 σ	99,73 %	0,27 %
± 4 σ	99,9937 %	0,0063 %
± 5 σ	99,999943 %	0,000057 %
± 6 σ	99,9999998 %	0,00000002 %

Der Bereich innerhalb der Kurve lässt sich also in eine Summenhäufigkeit und somit in eine Wahrscheinlichkeit umrechnen. Bei normalverteilten Daten lässt sich der Anteil, der innerhalb eines spezifizierten Intervalls liegt, unter Verwendung von Mittelwert und Standardabweichung errechnen. Dazu ist die Situation in die Standard-Normalverteilung umzurechnen. Mittelwert μ = 0 und Standardabweichung σ = 1

Formel: $u = \dfrac{x - \mu}{\sigma}$

Diese Transformation produziert einen Wert aus einer Verteilung, in der der Mittelwert μ = 0 und σ = 1 ist. Der Wert deutet an, wie weit die Zahl vom Mittelwert in Einheiten der Standardabweichung entfernt ist. Zum Beispiel würde u = 3 bedeuten, dass die betreffende Zahl multipliziert mit drei Standardabweichungen vom Mittelwert der Verteilung entfernt ist.

Praktische Anwendung der Standard-Normalverteilung

Praktische Anwendung findet die Berechnung der Flächenanteile aus der Normalverteilung in Six Sigma-Projekten, wenn man die Ausbeute eines Prozesses beziehungsweise die fehlerhaften Anteile berechnen will, die außerhalb der Spezifikationsgrenzen des Prozesses liegen.

Beispiel: Es wurden 250 Messwerte (Länge von Dachziegeln in mm) aus einem Prozess erhoben.

$$\bar{x} = 379{,}94 \text{ mm} \quad s = 24{,}7$$

Spezifikationsgrenzen des Prozesses: OSG = 390; USG = 372

Zu ermitteln ist der Anteil der Messwerte, der außerhalb der Spezifikationsgrenzen zu erwarten ist.

Berechnung des u-Wertes für beide Spezifikationsgrenzen

$$u_{unten} = \frac{(USG - \bar{x})}{s} = \frac{372 - 379{,}94}{24{,}7} = -0{,}3215$$

$$u_{oben} = \frac{(OSG - \bar{x})}{s} = \frac{390 - 379{,}94}{24{,}7} = 0{,}41$$

Die Bestimmung der Anteile erfolgt über eine Tabelle, in der die Wahrscheinlichkeiten zu den jeweiligen z-Werten dargestellt sind.

Für Z_{unten} erhält man einen Anteil von 37,45 Prozent, für Z_{oben} einen Anteil von 34,46 Prozent. Zusammen erhält man einen Anteil von 71,91 Prozent an Messwerten, der außerhalb der Spezifikationsgrenzen liegt. Der Prozess hat demnach eine Ausbeute von nur circa 28 Prozent.

4.5 Darstellung der Daten mithilfe von Qualitätsregelkarten

Der Einsatz von Qualitätsregelkarten (QRK) dient im Rahmen der Qualitätssicherung zur Überwachung von Merkmalen eines Prozesses in der laufenden Produktion. Innerhalb von Six Sigma-Projekten werden QRK zum einen zur anschaulichen Darstellung von Messwerten verwendet, mit dem Ziel, Aussagen über den Prozess bezüglich seiner Stabilität machen zu können. Zum anderen werden sie in der Phase »Kontrollieren« als Werkzeuge zur Überwachung des verbesserten Prozesses eingesetzt, im Sinne der statistischen Prozesslenkung (SPC).

Der Einsatz von QRK bietet die Möglichkeit, den Prozess hinsichtlich seiner Streuung und seiner Stabilität zu analysieren. Warum setzt man sie an dieser Stelle in der Systematik ein? Die Berechnung von Kennzahlen zur Prozessfähigkeit sowie weitere statistische Berechnungen sind nur dann sinnvoll, wenn man von der Stabilität des Prozesses ausgehen kann. Ist das nicht der Fall, so erhält man nur Aussagen im zeitlichen Rahmen, in dem die Datenerhebung stattgefunden hat, also nur eine Art »Blitzlicht«-Aufnahme des Prozesses. An dieser Stelle macht dann eine Verbesserung schnell keinen Sinn mehr, weil man ja langfristig verbessern möchte. Im Gegenteil: Wenn aus der Momentaufnahme falsche Schlüsse gezogen werden, dann kann sich die gesamte Maßnahme als extrem kontraproduktiv entpuppen.

EXKURS: Arten von Variationen

Ein Untersuchungsschwerpunkt von Six Sigma ist die Streuung, mit dem Ziel, diese im Prozess zu reduzieren und auf einen vorgegeben Zielwert hinzuarbeiten. Die Konzentration auf die Streuung setzt aber voraus, dass man stabile Prozesse hat, also Prozesse, die in der langfristigen Betrachtung immer gleich streuen.

Diese Streuung oder Variation lässt sich in zwei Kategorien unterteilen: Einmal in die nicht-natürliche Variation, das heißt der Prozess streut mehr, als durch die natürliche Streuung erklärbar wäre. In diesem Fall bezeichnet man den Prozess als »außer Kontrolle«. Es wirken spezielle Ursachen für die Streuung, beispielsweise ein Faktor, der nur zu einer ganz bestimmten Zeit und an einem ganz bestimmten Ort wirkt. Oder eine ganz spezifische Ursache, die in dem Prozess gewirkt hat. Diese spezielle Ursache ist meist nicht beherrschbar: Fällt beispielsweise an einem Tag eine Maschine aus, dann handelt es sich dabei um eine spezielle Ursache, die nur an diesem Tag und zu dieser Zeit geschehen ist und gleichzeitig unvorhersehbar ist. Wenn eine spezielle Ursache vorliegt, ist der Prozess nicht stabil.

Die andere Art der Variation ist die natürliche Streuung im Prozess. Der Prozess ist unter Kontrolle, es wirken allgemeine Ursachen für die Streuung. Der Grad des Auftretens variiert, tritt aber immer wieder und an allen Orten auf. Allgemeine Ursachen führen meist nur zu einem kleinen Effekt in der Variation. Und ein Prozess, der nur aufgrund von allgemeinen Ursachen schwankt, wird stabil genannt.

Welche Maßnahmen sind je nach Art der Variation effektiv? Liegt eine spezielle Ursache vor, ist aber als solche noch nicht erkannt, und stellt man daraufhin den gesamten Prozess um, dann ist das eine überzogene Maßnahme. Tritt diese Variation häufig auf, muss das Projektteam sich natürlich auf die Ursache konzentrieren. Es kann sein, dass sich die Streuung bei der Behandlung einer speziellen Ursache mit weit reichenden Maßnahmen erhöht. Das ist unvorhersehbar. Liegen dem Projektteam jedoch allgemeine, immer wieder erscheinende Ursachen für eine Variation vor und schaut es sich dennoch nur die extremen Messwerte, aber nicht den Gesamtverlauf an, kann es die wirkliche Ursache nie entdecken. In solchen Fällen hilft die Veränderung einzelner Aspekte nicht weiter. Hier muss permanent eingegriffen werden, um die Streuung zu vermindern, weil die Variation immer wiederkehrt.

Wie untersucht man spezielle Ursachen? Sichtbar werden sie am besten in Verlaufsdiagrammen oder Qualitätsregelkarten. Das Projektteam forscht diesen Ausreißern nach, indem es sich beispielsweise fragt, ob es sich um einmalige Ereignisse, wie einen Maschinenausfall oder einen Feiertag handelt. Hat man den Grund für diesen extremen Wert gefunden, kann man ihn im Grunde genommen aus der weiteren Betrachtung des Prozesses herausnehmen.

Der Prozess ist unter Kontrolle, aber man möchte die Variation im Prozess verringern und sich im Rahmen der Prozessverbesserung dem Zielwert annähern. Hier versucht man nicht, den Unterschied zwischen den einzelnen Messungen zu analysieren, sondern durch drei verschiedene Strategien die Daten noch einmal zu analysieren, um den Grund für die Streuung zu finden. Dazu kategorisiert das Projektteam die Daten nach Gruppen und achtet dabei auf Muster. Haben die Mitarbeiter sie in unterschiedliche Kategorien eingeteilt, unterscheiden sich die Produkte. Hier ist nun ersichtlich, wie sie sich unterscheiden.

Zweite Strategie: Man hat Produktionsdaten erfasst, die sich aus unterschiedlichen Daten, wie Linien und Wochen, zusammensetzen. Jetzt untersucht das Team die Daten genau, versucht, Gruppen zu bilden, und analysiert diese beispielsweise im Hinblick auf Wochentage und Muster.

Dritte Strategie: Experimentieren! Die Ursachen für die allgemeine Variation liegen in den Interaktionen zwischen den einzelnen Prozessfaktoren. Jetzt kann man mithilfe von statistischen Analysen herauszufinden versuchen, welcher Faktor welchen Einfluss auf die Streuung hat. Alternativ lässt sich hier unter Versuchsbedingungen mit den Faktoren bezüglich ihrer Wechselbedingungen experimentieren.

4.5.1 Untersuchung der Variation mithilfe von Qualitätsregelkarten

Qualitätsregelkarten sind ein gutes Mittel, um spezielle von allgemeinen Ursachen im Prozess zu trennen. Regelkarten gibt es für kontinuierliche Daten und Zähldaten. Je nach Wahl der Regelkarten werden die Werte entweder im zeitlichen Verlauf in einem xy-Diagramm (Urwert-Karte) eingetragen oder man errechnet Mittelwert, Streuung oder Range in Untergruppen von Werten und trägt diese wiederum in ein xy-Diagramm ein. Bei Regelkarten für Zähldaten können Anzahl der Fehler, Anteil der Fehler oder beides auch pro Einheit eingetragen werden. Ergänzt werden alle Regelkarten um statistisch errechnete Kontrollgrenzen, auch Eingriffsgrenzen genannt. Die Mittellinie stellt den Mittelwert des Merkmals dar. Eine Regelkarte konstruiert man, indem man die Daten beziehungsweise die Stichproben mit einem bestimmten Umfang sammelt, den Mittelwert und die Kontrollgrenzen berechnet, die Datenwerte für den Mittelwert und die Kontrollgrenzen einzeichnet (drei Linien).

An Verlauf und Lage der Messpunkte lassen sich Schlüsse über den Prozess ziehen. Die Kontrollgrenzen sind die Richtschnur dafür, ob allgemeine oder spezielle Ursachen für die Streuung im Prozessverlauf vorliegen. Die Kontrollgrenzen werden aus den Daten selbst errechnet. Dabei berechnet das Projektteam die Grenzen des Zufallsstreubereichs für die Daten. Die Eingriffsgrenzen werden normalerweise bei einer Wahrscheinlichkeit von 99 Prozent beziehungsweise 99,73 Prozent Wahrscheinlichkeit festgelegt. Das bedeutet, dass alle Werte über den Eingriffsgrenzen mit 99 Prozent Wahrscheinlichkeit nicht mehr zur natürlichen Streuung im Prozess gehören und somit spezielle Ursachen haben. Formeln und Tabellen finden sich in der einschlägigen Literatur zur Qualitätsregelkarten-Technik.

Regelkarten für kontinuierliche Merkmale

Häufig eingesetzt werden Urwert-Karten (x-Karte) bei wenigen Daten und Kombinationen von Lage- und Streuungskarten ($\bar{x}$ s-Karten oder $\bar{x}$ R-Karten). Die Berechnung der Kennwerte sowie der Regelgrenzen lassen sich mit spezieller Software oder Excel leicht durchführen.

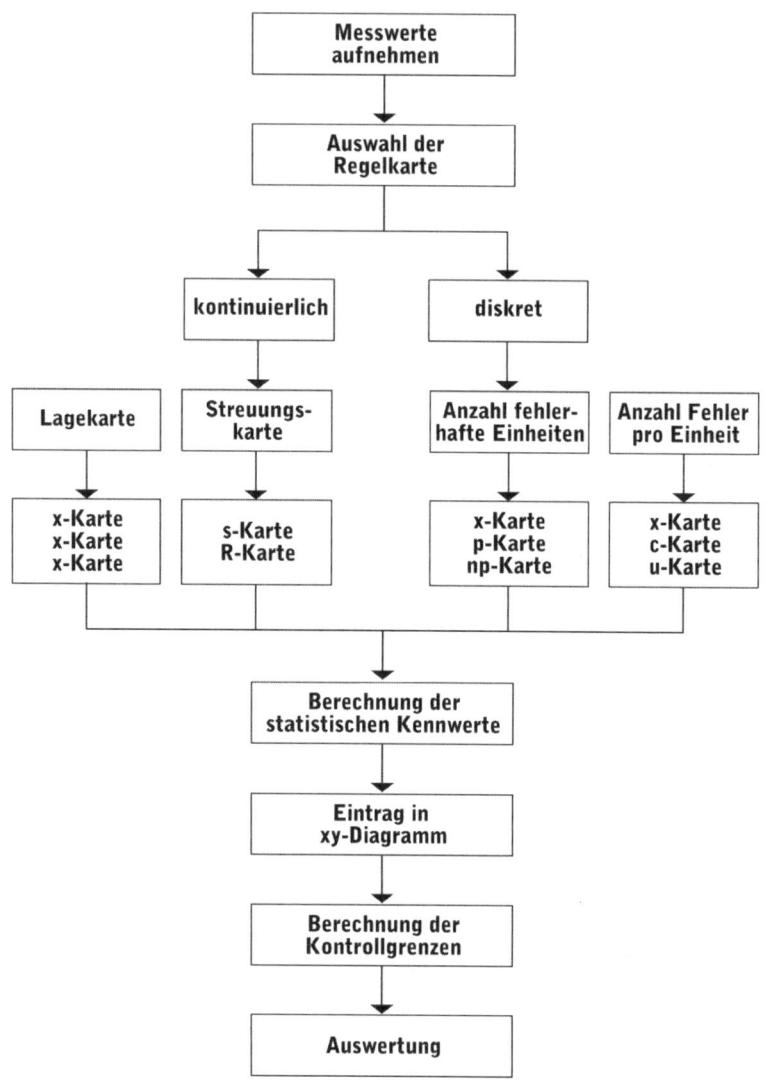

Abbildung 22: Einsatz von Qualitätsregelkarten

Bezüglich der Eingriffsgrenzen ist im weiteren Verlauf die richtige Interpretation der Regelkarte wichtig. Wenn alle Punkte zwischen den Kontrollgrenzen liegen, kann man davon ausgehen, dass nur allgemeine Ursachen für die Prozessstreuung vorliegen. Liegt ein Punkt außerhalb der Kontrollgrenzen, kann man davon ausgehen, dass es für diesen Messwert eine spezielle Ur-

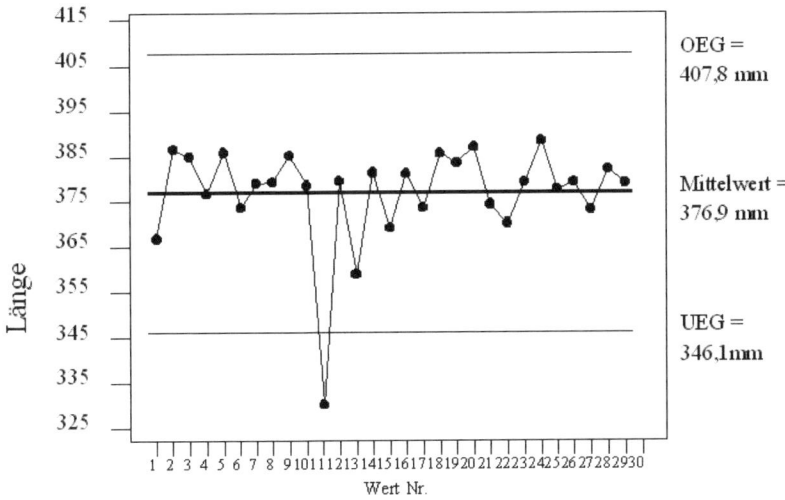

Abbildung 23: Beispiel für eine x-Karte (Urwerte)
OEG: obere Eingriffsgrenze
UEG: untere Eingriffsgrenze

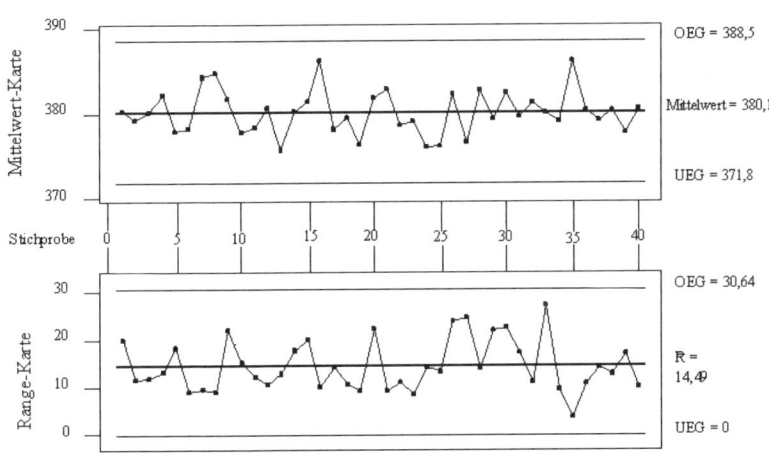

Abbildung 24: Beispiel für eine x̄R-Karte

sache gibt. Ergibt es sich, dass die Streuung innerhalb der Kontrollgrenzen zu groß ist, muss man sich die Ursachen für die allgemeine Variation anschauen.

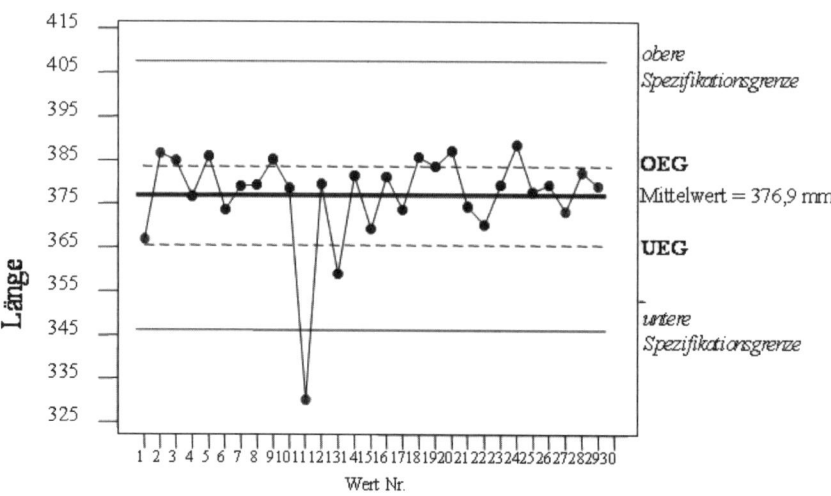

Abbildung 25: Spezifikationsgrenzen einer Regelkarte

Nicht zu verwechseln sind die Kontrollgrenzen einer Regelkarte mit den Spezifikationsgrenzen. Letztere sind vom Kunden, dem Management oder den Prozessverantwortlichen gesetzt. Sie beschreiben, was von dem Prozess gefordert ist.

Möglich ist, dass der Prozess innerhalb der Kontrollgrenzen abläuft. Verläuft er aber nicht innerhalb der Spezifikationsgrenzen, muss man ihn trotzdem im Sinne der Kundenanforderung verbessern.

Weitere Auswertungen erfolgen durch die Analyse möglicher systematischer Einflüsse im Prozess. Dazu betrachtet man den Verlauf der Werte. So deuten sieben aufeinander folgende Werte oberhalb und unterhalb der Mittellinie auf Verletzungen der Prozessstabilität hin. Ebenso wie sieben aufsteigende oder absteigende Werte auf einen Trend im Prozess hindeuten.

Verwendung der richtigen QRK

Urwert-Karten finden Einsatz bei wenigen normalverteilten Daten und sind auch manuell leicht anzufertigen. Mittelwert- und Mediankarten sind empfindlicher in der Anzeige; sie können auch bei nicht normalverteilten Daten eingesetzt werden. Es ist aufwändiger, sie zu erstellen – daher sollte man das am besten mithilfe des Computers erledigen. Als Kombination von Lage- und Streuungskarte kommt häufig die Mittelwert-Range-Karte zum Einsatz. Sie bietet die Möglichkeit, zufällige Abweichungen zu erfassen und systematisch auszuschließen. Diese Karte bestimmt aufgrund der Streuung innerhalb der Teilgruppen die Grenzen der Mittelwerte der Teilgruppen. Wenn zwischen den Teilgruppen stärkere Abweichungen auftreten als innerhalb der Teilgruppen, liegt wahrscheinlich eine allgemeine Ursache für die Streuung vor.

Regelkarten für Zähldaten (diskrete Daten)

Grundsätzlich gibt es zwei Arten von Regelkarten für diskrete Merkmale: Mit der ersten lässt sich die Anzahl beziehungsweise der Anteil fehlerhafter Einheiten aufnehmen, mit der zweiten die Anzahl beziehungsweise der Anteil der Fehler pro Einheit.

Die p-Karte zur Messung diskreter Daten basiert auf dem Anteil fehlerhafter Einheiten (p = proportion), gehört also zur ersten Kategorie. Benötigt werden Stichprobenumfänge von mindestens 20 fehlerhaften Teilen in der Stichprobe und relativ konstante Stichprobenumfänge.

Im Unterschied dazu benötigt die np-Karte die Anzahl fehlerhafter Einheiten sowie konstante Stichprobenumfänge und wird dann eingesetzt, wenn die Anzahl einfacher zu ermitteln ist als die Anteile.

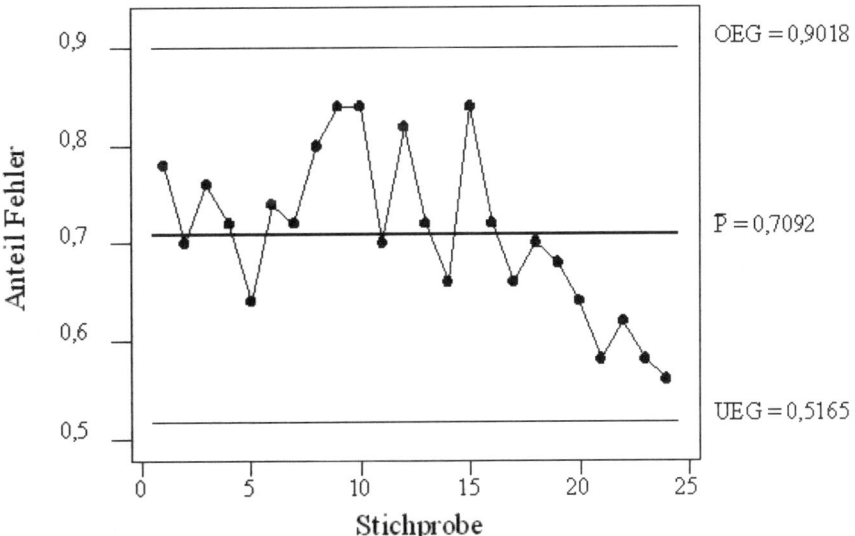

Abbildung 26: Beispiel für eine p-Regelkarte

Die c-Karte enthält die Anzahl der Fehler in einer Einheit (c = counts). Voraussetzung für ihren Einsatz ist ein konstanter Stichprobenumfang. Sie findet Anwendung, wenn Fehler von vielen verschiedenen Ursachen stammen oder über den Ablauf verstreut sind.

Die u-Karte zählt die Fehler pro Einheit in einer Stichprobe (u = units) verglichen mit einer Fehlersammelkarte.

Zeigen QRK spezielle Ursachen beziehungsweise sind Stabilitätskriterien verletzt, muss das Projektteam die Ursachen für diese Befunde genauer untersuchen. Dazu betrachtet es die einzelne Stichprobe genauer – bei der Datenaufnahme sollten deshalb Zusatzinformationen wie Datum, Charge und Bediener aufgenommen werden. Stellt sich heraus, dass es sich um einmalige Vorfälle wie Fehleingaben oder Maschinenausfälle handelt, entfernt man die Daten aus der Stichprobe zur weiteren Berechnung von Prozesskennzahlen und bei der Durchführung der statistischen Testverfahren. Somit werden verfälschte Daten vermieden.

4.6 Ist-Prozessfähigkeit – Prozesskennzahlen

Wurde mithilfe von Regelkarten oder Verlaufsdiagrammen die Stabilität des Prozesses überprüft, folgt im letzten Schritt der Phase »Messen« die Berechnung der Leistungsfähigkeit des Prozesses. Im Six Sigma-Projekt wird nun die Leistungsfähigkeit des Ist-Prozesses gemessen, um nach Projektabschluss auch die Verbesserung mithilfe von Kennzahlen nachweisen zu können.

Allgemein werden Prozesskennzahlen eingeführt, um die Prozesse bewerten und vergleichen zu können. Die Stabilität eines Prozesses liefert jedoch noch keine Aussage darüber, ob er fähig ist, innerhalb der vorgegebenen Toleranzgrenzen (Spezifikationsgrenzen) – und somit ohne Ausschuss – zu produzieren.

Unterschieden werden muss zwischen so genannten produktorientierten und prozessorientierten Kennzahlen. Produktorientierte Kennzahlen sind Maßangaben zu dem Produkt selber, betreffen also Größe und andere Produktspezifikationen. Im Rahmen der Prozessverbesserung werden hier die prozessorientierten Kennzahlen, also Ergebnisse aus Prozessen (wie skalierte Messergebnisse oder Durchlaufzeiten) und fehlerbezogene Größen (wie Fehlerquote, Ausschuss oder Nacharbeit) betrachtet.

Je nach vorliegender Datenart lassen sich zwei Hauptgruppen von prozessorientierten Kennzahlen unterscheiden, die für die Berechnung der Ist-Prozessfähigkeit in Six Sigma-Projekten in Frage kommen:

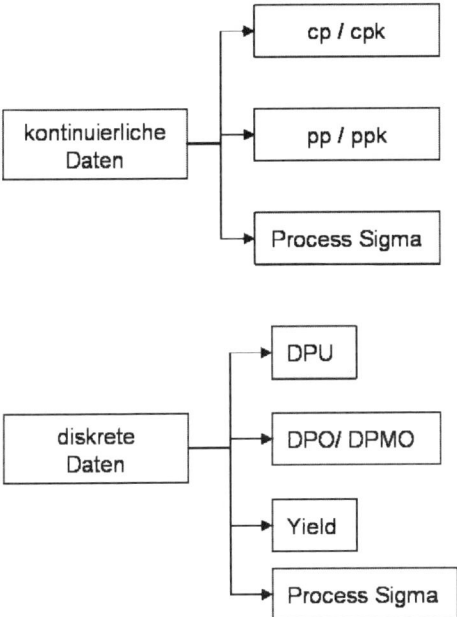

Abbildung 27: Überblick Prozesskennzahlen

- Kennzahlen, die auf quantitativen Prozessergebnissen (kontinuierliche Messgrößen) basieren und
- Kennzahlen, die auf qualitativen Prozessergebnissen (gut/schlecht; Fehler/ kein Fehler) basieren.

Hinzu kommt die Berechnung des so genannten »Process Sigma«, also der Kennzahl die charakteristisch ist für Six Sigma-Organisationen. Das Process Sigma lässt sich für beide Datenarten berechnen.

Beschrieben ist hier nur eine Auswahl an Prozesskennzahlen; es sind die, die am häufigsten vorkommen und die sich auf die Kennzahl Prozess Sigma umrechnen lassen.

TIPP: Hat man schon ein Prozesskennzahlensystem im Unternehmen, sollte das Projektteam auch diese Kennzahlen verwenden. Hat man kein solches System, muss man sich überlegen, welche Kennzahlen sich für das Controlling im Unternehmen eignen und sinnvoll sind – hier sollte das Projektteam das Management einschalten, damit Kennzahlen erhoben werden, mit denen das Unternehmen auch in Zukunft arbeiten kann.

4.6.1 Prozesskennzahlen für diskrete Daten

Sollen die Ergebnisse eines Prozessschrittes in Fehlern dargestellt werden, so stellt die Berechnung des Fehleranteils des Prozessschrittes die einfachste Möglichkeit dar.

Beispiel: Im Prozessschritt »Versand von Einladungen« wurden im Jahr 2001 950 Einladungen verschickt, 123 davon wurden von den Kunden als fehlerhaft reklamiert. Der Fehleranteil betrug im Jahr 2001 somit 0,1294 oder 12,94 Prozent.

Die Ausbeute des Prozesses, sprich der Anteil an »guten« Einladungen, berechnet sich wie folgt: 1 – 0,1294 = 0,8706. Der Prozessschritt hat eine Ausbeute von 87,06 Prozent.

Die Berechnung der Ausbeute für einen Gesamtprozess, im Englischen »Yield« genannt, lässt sich noch exakter berechnen, wenn man Ausschuss und Nacharbeit in die Auswertung einbezieht. Unterschieden werden hierbei:

1. Das so genannte Final Yield (FY) ist die Ausbeute, die nach dem ersten Durchgang entsteht. Man berücksichtigt bei der Berechnung den Ausschuss, aber nicht die Nacharbeit.

2. Das so genannte First Pass Yield (FPY) beschreibt ebenfalls die Ausbeute nach dem ersten Durchgang beziehungsweise des Gesamtprozesses, aber mit Berücksichtigung von Nacharbeit und Ausschuss. Das FPY ist im Grunde die aussagekräftigere Größe, weil es anzeigt, wie viele Gut-Ergeb-

	Input	Ausschuss	Fehleranteil	Ausbeute
Prozessschritt 1	1000	13	0,013	98,70%
Prozessschritt 2	987	2	0,002026342	99,80%
Prozessschritt 3	985	9	0,009137056	99,09%
Gesamt				**97,60%**

Abbildung 28: Errechnen des Final Yield (FY)

	Input	Ausschuss	Nacharbeit	A+N	Fehleranteil	Ausbeute
Prozessschritt 1	1000	13	8	21	0,021	97,90%
Prozessschritt 2	987	2	5	7	0,007092199	99,29%
Prozessschritt 3	985	9	3	12	0,012182741	98,78%
Gesamt						**96,02%**

Abbildung 29: Errechnen des First Pass Yield (FPY)

nisse und Fehler in einem Prozess geschehen, wenn man keine Korrekturen vornimmt. Der First Pass Yield des Gesamtprozesses, auch Rolled Throughput Yield (RTY) genannt, berechnet sich aus der Multiplikation der FPY der Teilprozesse.

Der Vorteil der Berechnung dieser Kennzahl ist, dass sie sehr gut auch in administrativen Prozessen verwendet werden kann. Fehlerhafte Aufträge, Einbuchungen und so weiter sowie deren Nacharbeit lassen sich somit sehr gut quantifizieren, Verbesserungen in der Prozessfähigkeit lassen sich gut darstellen. Vor Verbesserung von administrativen Prozessen liegt das First Pass Yield nicht selten unter 20 Prozent (vgl. Sesselmann).

Fehleranteile werden auch mit der Kenngröße Fehler pro Einheit (Defects per unit; DPU) ausgedrückt. Berechnet wird die durchschnittliche Anzahl von Fehlern im Verhältnis zu den gemessenen Einheiten. Es werden alle Fehler gezählt, die in der Stichprobe zu finden sind.

$$DPU = \frac{\text{Anzahl der Fehler}}{\text{Anzahl der gemessenen Einheiten}}$$

Beispiel: Es wurden 123 Dokumente bezüglich ihrer Fehler untersucht, 134 Fehler wurden gefunden. Somit beträgt die DPU-Rate 108 Prozent. Das bedeutet im Durchschnitt 1,08 Fehler pro Dokument.

Will das Projektteam schnelle Berechnungsmöglichkeiten, um sich einen ersten Überblick über die Fehleranteile in einzelnen Prozessschritten zu verschaffen, eignen sich die vorgestellten Berechnungen. Genauere Aussagen erhält man, wenn man die Fehlermöglichkeiten in einzelnen Prozessschritten in die Berechnung einbezieht. Die Komplexität eines Prozesses wird damit berücksichtigt. Ein Vergleich mit weniger komplexen Prozessen wird auf diese Weise ermöglicht. Will man die Kosten in Prozessen, die durch Fehler entstanden sind, miteinander vergleichen, so lässt sich dies mit den folgenden Kennzahlen durchführen:

Die Fehler pro Möglichkeit (Defects per opportunity; DPO) drücken das Verhältnis von Fehlern zur Gesamtzahl von Fehlermöglichkeiten in einem Prozess aus.

$$DPO = \frac{\text{Anzahl der Fehler}}{\text{Zahl der Einheiten} \times \text{Zahl der Fehlermöglichkeiten}}$$

Beispiel: Die 134 Fehler in den Dokumenten wurden genauer untersucht und man konnte vier verschiedene Fehlerarten ermitteln. Die DPO-Rate beträgt somit 0,27. Umgerechnet auf die Ausbeute des Prozesses ((1 − DPO) × 100) ergibt das eine Ausbeute von 72,8 Prozent.

Davon abgeleitet ist DPMO (Defects per million opportunities; Defekte pro eine Million Möglichkeiten). Er zeigt auf, wie viele Fehler entstehen würden, wenn es eine Million Fehlermöglichkeiten gibt. Diese Größenordnung ist in der Produktion auch als »parts per million« (ppm) bekannt.

$$\text{DPMO} = \frac{\text{Anzahl der Fehler}}{\text{Zahl der Einheiten} \times \text{Zahl der Fehlermöglichkeiten}} \times 10^6$$

Werden die Fehlermöglichkeiten in die Berechnung einbezogen, stellt sich natürlich die Frage, wie viele Fehlermöglichkeiten man berücksichtigt. Was alles als Fehlermöglichkeiten anzusehen ist, bleibt dem Projektteam überlassen. Will man sich seine Prozessausbeute nicht schönrechnen, sollte man seltene Fehlerarten nicht in die Berechnung einbeziehen und deshalb sinnvoll und kritisch im Team die Fehlermöglichkeiten auswählen. Im Beispiel oben bedeuten zwei Fehlermöglichkeiten mehr eine Verbesserung der Ausbeute um zehn Prozent!

4.6.2 Prozesskennzahlen für quantitative Daten

Das Grundprinzip dieser Prozesskennzahlen ist eine Quantifizierung des Verhältnisses der Toleranzbreite des Prozesses zu seiner Streuung. Anders ausgedrückt wird die Anforderung des Kunden (Vorgabe von Spezifikationsgrenzen) mit der Leistungsfähigkeit des Prozesses verglichen.

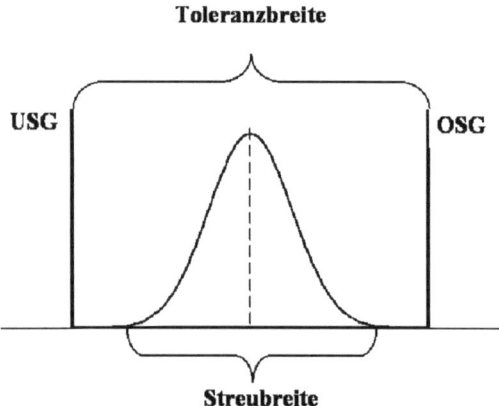

Abbildung 30: Verhältnis von Spezifikationsgrenzen zur Streubreite

Zu den Toleranzgrenzen kommt die Beurteilung der Prozesslage, also der Mittelwert hinzu. Was bedeutet das für die Prozessfähigkeit? Je genauer die Prozesslage (Mittelwert) am vorgegebenen Zielwert ist und je geringer die Streuung des Prozesses ist, umso geringer wird der Anteil an Fehlern in den Prozessergebnissen.

Auf diesem Konzept basieren die Prozesskennzahlen Cp (process capability) und Cpk (critical process capability) sowie Pp (preliminary process capability) und Ppk (critical preliminary process capability). Diese sind auch in den Unternehmen am weitesten verbreitet und werden in der Qualitätssicherung sehr häufig eingesetzt.

Voraussetzungen für die Berechnung sind eine ausreichend große Datenmenge von mindestens 100 Einzelmesswerten. Es sollten alle Einflussfaktoren des Prozess berücksichtigt sein. Das macht die Aufnahme von Daten in einem größeren Zeitraum notwendig (siehe Exkurs zu Lang- und Kurzzeitfähigkeit, Seite 96).

Cp-Werte quantifizieren das Verhältnis Streuung zu Toleranz. Sie beantworten die Frage, ob der Prozess fähig ist, bezüglich seiner Streuung die Toleranzbreite einzuhalten. Da die Lage zum Zielwert unberücksichtigt bleibt, spricht man hier auch von der Messung des Prozesspotenzials.

Formel zur Berechnung:

$$Cp = \frac{\text{Obere Spezifikationsgrenze (OSG)} - \text{Untere Spezifikationsgrenze (USG)}}{6\ s}$$

Der Cpk-Wert bezeichnet das Verhältnis von Streuung zu Toleranz unter Berücksichtigung der Position des Mittelwerts. Er gibt Aufschluss darüber, ob der Prozess fähig ist, einen vorgegebenen Zielwert bezüglich seiner Streuung innerhalb der Toleranzgrenzen einzuhalten.

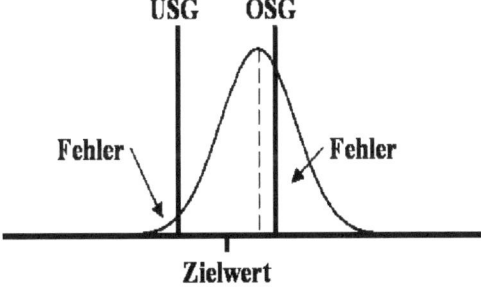

Abbildung 31: Prozesslage und Fehleranteil

Formel zur Berechnung:

$$Cpk = \frac{\text{Obere Spezifikationsgrenze (OSG)} - \text{Mittelwert}}{3s}$$

$$Cpk = \frac{\text{Mittelwert} - \text{Untere Spezifikationsgrenze (USG)}}{3s}$$

Der kleinere der beiden Werte wird als Kennzahl genommen!

4.6.3 Wie lassen sich Cp- und Cpk-Werte interpretieren?

Die Bewertung der Prozessfähigkeit erfolgt im ersten Schritt mit folgenden Grenzwerten: Werte kleiner als 1 werden als nicht prozessfähig betrachtet, Werte zwischen 1 und 1,33 als beschränkt fähig, Werte über 1,33 bewerten den Prozess als fähig, wobei als Zielwert 2 angestrebt werden sollte.

Bei einem Cpk-Wert von 1,33 beträgt der Abstand des Mittelwertes vier Standardabweichungen, die Toleranzbreite des Prozesses sechs Standardabweichungen, die Flächenberechnung unterhalb der Normalverteilungskurve ergibt einen Flächenanteil von 0,99993, also einen Flächenanteil von Fehlern von 0,000063; umgerechnet im DPMO heißt das eine Fehlerrate von 63 ppm.

Was sagen nun die Werte im Hinblick auf ein mögliches Verbesserungspotenzial für das Six Sigma-Projekt aus? Erhält das Projektteam einen niedrigen Cpk-Wert und somit einen »nicht fähigen« Prozess, analysiert es, ob es an einer Verschiebung des Mittelwertes vom Ziel oder an der zu großen Streuung im Prozess liegt – im schlechtesten Fall liegt es an beidem.

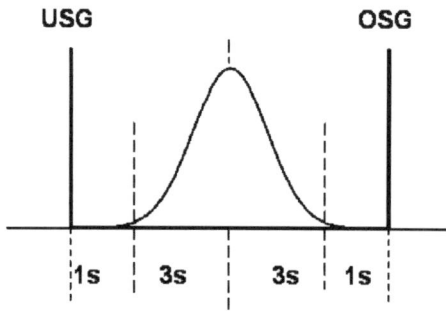

Abbildung 32: Grafische Darstellung eines Cpk-Wertes von 1,33

Cpk	Fehler	Ausbeute
0,67	45 400 ppm	95,46%
1,00	2700 ppm	99,73%
1,67	0,6 ppm	99,99994%
2	0,002 ppm	100%

Abbildung 33: Übersicht Cpk-Werte, Fehlerzahl
und Ausbeute im Vergleich

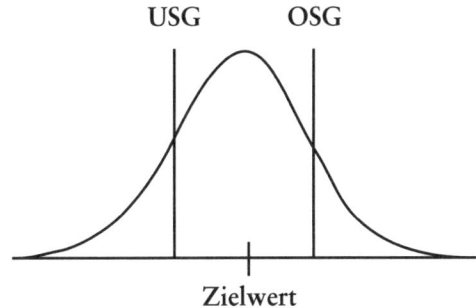

Abbildung 34: Gut zentrierter Prozess mit zu
großer Streuung

Der Prozess in Abbildung 34 ist sehr gut zentriert, aber die Streuung ist zu groß. Das Projektteam sollte sich in einem solchen Fall darauf konzentrieren, die Streuung zu reduzieren und an den Toleranzgrenzen zu orientieren.

Liegt ein Ergebnis wie in Abbildung 35 vor, sollte sich das Projektteam bei seiner Verbesserung darauf konzentrieren, den Mittelwert in Richtung Zielwert zu verschieben.

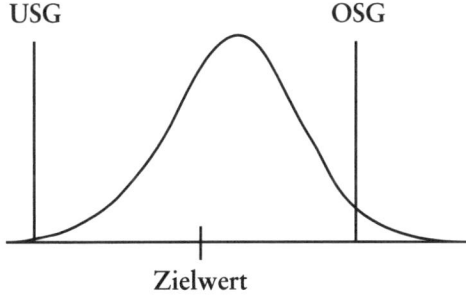

Abbildung 35: Schlecht zentrierter Prozess

Die Cp- und Cpk-Werte sollen Auskunft über das langfristige Verhalten des Prozesses geben, die Messwerte werden über einen längeren Zeitraum (Wochen, Monate) aufgenommen. Für die Berechnung der Prozessfähigkeit mit Messwerten, die nur in einem kurzen Zeitraum (Tage und Wochen) aufgenommen werden, werden die Kennzahlen Pp (preliminary process capability) und Ppk (critical preliminary process capability) verwendet.

EXKURS: Warum wird zwischen Lang- und Kurzzeitfähigkeit unterschieden?

Vor allem Kunden nehmen die mangelhafte Langzeitfähigkeit von Prozessen wahr. Das Unternehmen muss sich deshalb sicher sein, dass alle Einflussfaktoren, die im Prozess wirken, in die Berechnung der Prozessfähigkeit einbezogen wurden und somit das Verhalten des Prozesses über einen längeren Zeitraum beobachtet werden kann. Untersucht das Projektteam einen Prozess nur über einen kurzen Zeitraum hinweg, kann es eine bessere Prozessfähigkeit errechnen, die jedoch nicht die wahre Leistung des Prozesses widerspiegelt. Das Projektteam »betrügt« sich mit diesen Kurzzeitdaten selbst über die Fähigkeit des Prozesses. Dies widerspricht der Philosophie der Six Sigma-Methodik, nachhaltige Fehlerreduzierung zu bewirken.

4.7 Die Maßeinheit Sigma – das Projektziel

Die hier verwendeten Kennzahlen sind allgemein bekannt und gebräuchlich, um Prozesse im Rahmen eines Qualitätsmanagements zu messen. In der Six Sigma-Welt hat man sich auf eine universelle Prozesskennzahl verständigt: Sigma. Hintergrund ist, dass man damit sämtliche Prozesse miteinander vergleichen kann und somit auch die Unternehmen untereinander vergleichbar werden.

Was ist Sigma? Sigma lässt sich sowohl für kontinuierliche als auch für attributive Prozesse und Prozessketten berechnen. Die Lang- und Kurzzeitfähigkeit eines Prozesses berücksichtigt Process Sigma ebenfalls; Motorola hat in Studien festgestellt, dass sich der Mittelwert eines Prozesses über einen längeren Beobachtungszeitraum hinweg um ± 1,5 Sigma verschiebt. Diese langfristige Verschiebung nennt man in der Six Sigma-Sprache »Shift and Drift«.

Die Berechnung des Sigma-Wertes für einen Prozess erfolgt am einfachsten über die Sigma-Tabelle. In ihr ist die Verschiebung von ± 1,5 Sigma bereits eingearbeitet.

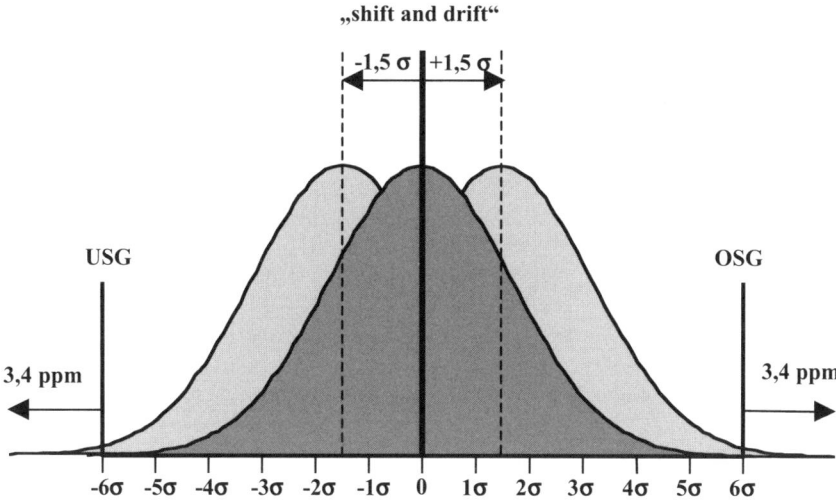

Abbildung 36: Langfristige Verschiebung des Mittelwerts

Vorsicht: Zur Verwendung müssen Langzeit-Daten vorliegen, errechnet wird aber der Sigma-Wert für die Kurzzeitfähigkeit des Prozesses.

Betrachtet man die Sigma-Tabelle wird auch der Begriff »Six Sigma« klar. Erreicht der Prozess einen Sigma-Level von ± sechs Sigma so kann man erwarten, dass der Prozess nur eine Fehlerrate von 3,4 ppm (auf jeder Seite der Spezifikationsgrenzen) haben wird.

Es gibt drei Methoden, das Sigma zu ermitteln:

1. Das Projektteam errechnet den First Pass Yield (FPY) oder den Rolled Throughput Yield (RTY), entweder für einen Prozessschritt oder für den Gesamtprozess. Das ist die schnellste Methode. Aus der Process-Sigma-Tabelle entnimmt man anschließend den entsprechenden Sigma-Wert. Nachteil dieser Berechnungsmethode: Die Anzahl der Fehlermöglichkeiten und somit auch die Komplexität des Prozesses werden nicht berücksichtigt.

2. Die Teammitglieder berechnen die Defects per Opportunity (DPO), rechnen diese dann in DPMO um und entnehmen aus der Process-Sigma-Tabelle das entsprechende Process Sigma. Damit erhält das Team ein besseres Process Sigma als mit der Yield-Methode, weil es die Komplexität des Prozesses und seine Fehlermöglichkeiten bei der Ermittlung dieses Werts berücksichtigt.

Sigma	DPMO	Yield	Sigma	DPMO	Yield
6,0	3,4	99,99966%	2,9	80.757	91,92430%
5,9	5,4	99,99946%	2,8	96.801	90,31990%
5,8	8,5	99,99915%	2,7	115.070	88,49300%
5,7	13	99,99870%	2,6	135.666	86,43340%
5,6	21	99,99790%	2,5	158.655	84,13450%
5,5	32	99,99680%	2,4	184.060	81,59400%
5,4	48	99,99520%	2,3	211.855	78,81450%
5,3	72	99,99280%	2,2	241.964	75,80360%
5,2	108	99,98920%	2,1	274.253	72,57470%
5,1	159	99,98410%	2,0	308.538	69,14620%
5,0	233	99,97670%	1,9	344.578	65,54220%
4,9	337	99,96630%	1,8	382.089	61,79110%
4,8	483	99,95170%	1,7	420.470	57,95300%
4,7	687	99,93130%	1,6	460.172	53,98280%
4,6	968	99,90320%	1,5	500.000	50,00000%
4,5	1.350	99,86500%	1,4	539.828	46,01720%
4,4	1.866	99,81340%	1,3	579.260	42,07400%
4,3	2.555	99,74450%	1,2	617.911	38,20890%
4,2	3.467	99,65330%	1,1	655.422	34,45780%
4,1	4.661	99,53390%	1,0	691.462	30,85380%
4,0	6.210	99,37900%	0,9	725.747	27,42530%
3,9	8.198	99,18020%	0,8	758.036	24,19640%
3,8	10.724	98,92760%	0,7	788.145	21,18550%
3,7	13.903	98,60970%	0,6	815.940	18,40600%
3,6	17.864	98,21360%	0,5	841.345	15,86550%
3,5	22.750	97,72500%	0,4	864.334	13,56660%
3,4	28.716	97,12840%	0,3	884.930	11,50700%
3,3	35.930	96,40700%	0,2	903.199	9,68010%
3,2	44.565	95,54350%	0,1	919.243	8,07570%
3,1	54.799	94,52010%			
3,0	66.807	93,31930%			

Abbildung 37: Process Sigma-Tabelle

	Input	A+N	Ausbeute	Sigma
Prozessschritt 1	1000	21	97,90%	3,5
Prozessschritt 2	987	7	99,29%	4
Prozessschritt 3	985	12	98,78%	3,7
Gesamtprozess			96,02%	3,3

Abbildung 38: Berechnung des Sigmas anhand von First Pass Yield

	Input	Fehler	Fehler-möglichkeiten	DPO	DPMO	Sigma
Gesamtprozess	1000	40	4	0,01	10.000	**3,8**

Abbildung 39: Berechnung des Sigmas anhand der Defects per Million Opportunity (DPMO)

3. Die dritte Methode findet Anwendung bei kontinuierlichen normalverteilten Messwerten.

Mithilfe der Standardnormalverteilung werden die Flächenanteile der Fehler unterhalb der Kurve berechnet. (siehe Kapitel 4.4.2). Die Flächenanteile ergeben die Ausbeute (Yield) aus dem Prozess, die man wiederum anhand der Tabelle in das Process Sigma umwandeln kann.

Beispiel: Der Mittelwert $\bar{x}$ einer Stichprobe aus normalverteilten Messgrößen beträgt 389,75. Die Standardabweichung s = 6,18. Die obere Spezifikationsgrenze (OSG) = 390, die untere Spezifikationsgrenze = 370.

Berechnung des Flächenanteils z_1:

$$u_1 = \frac{OSG - \bar{x}}{s} = \frac{390 - 398,75}{6,18} = 0,04045$$

Berechnung des Flächenanteils z_2:

$$u_2 = \frac{USG - \bar{x}}{s} = \frac{370 - 398,75}{6,18} = 3,1958$$

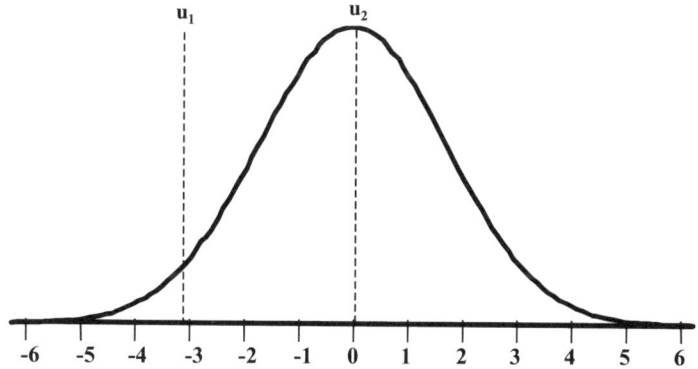

Abbildung 40: Berechnung des Sigmas bei kontinuierlichen normal verteilten Messwerten

Fläche für u_1: 0,0006973
Fläche für u_2: 0,516

Berechnung der Ausbeute: Fläche u_2 – Fläche u_1
0,516 – 0,0006973 = 0,5154

0,5154 entspricht einer Ausbeute von 51,54 Prozent Sigma-Wert aus der Tabelle: 1,54

Das Sigma des Prozesses beträgt 1,54. Dieser Wert entspricht 484.600 ppm, also 484.600 Fehler bei einer Million Fehlermöglichkeiten.

Zum Abschluss noch einige kritische Bemerkungen zur Berechnung des Sigma-Levels. Die Theorie hinter der Berechnung ist nicht einfach zu verstehen und mag von vielen angezweifelt werden. Die Kommunikation dieser Sigma-Levels innerhalb von Unternehmen, die nicht in Six Sigma-Sprache sprechen, macht keinen Sinn, weil sie für die Mitarbeiter nicht vergleichbar mit anderen Kennzahlen sind.

Die Einführung des Sigma-Wertes als Kennzahl erfordert, dass klare Richtlinien zur Berechnung vorgegeben werden. Ansonsten ist eine Vergleichbarkeit der Prozesse nicht möglich.

Im Fokus von Six Sigma sollte die konsequente Anwendung der Methodik stehen und die daraus erfolgte Verbesserung der Prozesse. Mit welchen Kennzahlen man die Verbesserung ausdrückt, spielt nur eine untergeordnete Rolle.

Mit der Messung der Ist-Prozessfähigkeit ist die Phase »Messen« abgeschlossen. Die Ergebnisse aus der Aufnahme der kritischen Messgrößen werden nun in der Phase »Analysieren« auf der Suche nach Ursache-Wirkungszusammenhängen eingehend untersucht. Bevor der dritte Schritt des Six Sigma-Prozesses beschrieben und erklärt wird, soll dieses Kapitel mit den Fallstricken im Messprozess und der entsprechenden Checkliste abgerundet werden. Hier finden Sie die Besonderheiten, die Sie auf keinen Fall übersehen sollten.

4.8 Fallstricke im Messprozess

- Bei der Prozessbetrachtung ist ein Fallstrick, dass man den Prozess nicht so darstellt, wie er tatsächlich ist, sondern sich an den Soll-Prozessen orientiert.

- Bei der Identifizierung der »wenigen Wichtigen« kann das Team Gefahr laufen, dass es sich von keinem der Einflussfaktoren trennen möchte, deshalb mit zu vielen Einflussfaktoren in die Analysephase geht und dort kein zufrieden stellendes Ergebnis erreicht. Die Teammitglieder müssen sich entscheiden, welche die wirklich wichtigen Faktoren sind. Sollten die gewählten Faktoren nichts bringen, muss man noch einmal in die Phase »Messen« zurückgehen.
- Ein weiterer Fallstrick ist, keine Messsysteme vorzunehmen oder ungeeignete Messsysteme zu verwenden.
- Bei der Datenerfassung kann es passieren, dass man sich nicht ausreichend Gedanken über die Größe der Stichprobe macht, mit der Folge, dass sie nicht den Prozess widerspiegelt und dass die Datenerfassung an sich nicht korrekt durchgeführt wird: Entweder fehlen Daten oder die an der Datenerfassung Beteiligten arbeiten nicht sorgfältig.
- Die Datenerfassung wird zu aufwändig betrieben.
- Das Projektteam muss sich sicher sein, dass der untersuchte Prozess nach Datenlage relativ stabil ist. Eine Analyse der speziellen Ursachen darf nicht unterschlagen werden. Weitere Berechnungen an instabilen Prozessen verfälschen sonst das Ergebnis der Kennzahlen und Statistischen Testverfahren.
- Scheinbar offensichtliche Lösungen, die sich durch die Aufnahme von Daten ergeben, rücken in den Vordergrund. Die gezielte Analyse wird nicht mehr weiter vorangetrieben.
- Beim Thema Prozessfähigkeit muss man sich darüber klar sein, welche Kennzahlen aussagekräftig und für die Datenart geeignet sind.
- Weitere Fallstricke lauern bei der Berechnung der Process Sigma-Werte: Hier kann man sich leicht verrechnen! Die Berechnungen sollten deshalb transparent sein, so dass man jederzeit weiß, mit welchen Daten der Wert ermittelt wurde.
- Das Projektteam sollte Konventionen darüber treffen, was ein Fehler und was eine Fehlermöglichkeit für das Unternehmen ist, weil sonst die Berechnungen in die falsche Richtung gehen. Dabei sollte sich das Projektteam auf die Kunden und deren Anforderungen beziehen, weil nicht alles, was das Unternehmen als Fehler ansieht, auch für den Kunden schon ein Fehler ist.

4.9 Werkzeugkasten: Formulare, Diagramme und Werkzeuge für die Phase »Messen«

Werkzeuge zur Variablen-Auswahl:

- Ursache-Wirkungs-Diagramm/Ishikawa-Diagramm: Diese Grafik zeigt die möglichen Ursachen, die für den Prozessfehler verantwortlich sein könnten.
- eine abgeänderte FMEA-Analyse (Fehler-Möglichkeits-Einfluss-Analyse): Wie im Ursache-Wirkungs- oder Ishikawa-Diagramm werden auch hier die möglichen Ursachen für die Prozessfehler erhoben und abgebildet – jedoch unter Einbeziehung der Kundenanforderungen.
- Cause&Effect-Matrix (Ursache-Wirkungs-Matrix): Diese Matrix ist ähnlich aufgebaut wie das Ursache-Wirkungs-Diagramm und zeigt die potenziellen Ursachen.

Werkzeuge zur Messsystemanalyse:

- Verfahren 1: Berechnung der Wiederholpräzision.
- Verfahren 2: Berechnung der Vergleichspräzision.

Beide sind in den DIN-Normen zu finden. Mit ihnen lassen sich die Messsystemabweichungen genau bestimmen.

Werkzeuge zur Datenerfassung:

- Datenerfassungsplan: Aus diesem Formular geht hervor, wie die Stichproben erhoben werden und was die an der Behebung der Proben beteiligten Mitarbeiter genau zu tun haben.
- Formblätter (bis hin zu Strichlisten): Damit werden die Stichproben gezählt und gemessen.
- sämtliche Prozessfähigkeitskennzahlen inklusive Process Sigma-Tabelle: Zur Berechnung dieser Werte sind Spezifikationsgrenzen notwendig. Die eigentliche Einordnung erfolgt anhand von statistischen Methoden.

4.10 Checkliste »Messen«

1. Die wichtigsten Einflussfaktoren sind identifiziert.

2. Die Messsystemanalyse wurde durchgeführt und das Messsystem für fähig befunden.

3. Der Stichprobenumfang wurde bestimmt.

4. Die Messgrößen wurden anhand der Einflussfaktoren bestimmt.

5. Der Datenerfassungsplan ist erstellt.

6. Die Datenerhebung wurde durchgeführt.

7. Die Prozesse wurden auf ihre Stabilität hin mithilfe von Regelkarten überprüft.

8. Die Prozessfähigkeit ist mit Kennzahlen quantifiziert.

9. Die Hypothesen bezüglich maßgeblicher Ursachen und Einflussfaktoren sind formuliert und dokumentiert.

10. Die Ergebnisse der Messphase sind mit dem Projektteam diskutiert.

11. Sämtliche Werkzeuge und Methoden sind dokumentiert.

12. Der Projektleiter hat den Status des Projekts bezüglich Meilensteine und Kosten überprüft und dokumentiert.

13. Die Probleme und Erfahrungen sind dokumentiert.

14. Der Auftraggeber ist über den Projektfortschritt informiert.

5 Die Auswertung: Analyse des Ist-Prozesses

In der Phase »Analysieren« verarbeitet das Projektteam alle Daten und Fakten, die es in den vorherigen Phasen, hauptsächlich »Messen«, gesammelt hat. Ziel ist, die tatsächlichen, tieferliegenden Ursachen für das Problem zu identifizieren und nachzuweisen. Erfahrungen aus der Praxis zeigen, dass sich die beiden Phasen »Messen« und »Analysieren« nicht klar voneinander trennen lassen. Dies liegt vor allem daran, dass Ursachen, die sich in der Analyse durch die Anwendung von Werkzeugen ergeben, in diesem Schritt dann noch einmal gemessen beziehungsweise berechnet werden. Andererseits werden die Auswertungen aus der Phase »Messen«, zum Beispiel die Regelkarten, in die Analyse einbezogen. Somit kann man von keiner klaren Trennung zwischen den Phasen »Messen« und »Analysieren« ausgehen.

In der Phase »Analysieren« steht nicht die Lösung des Problems im Vordergrund, sondern vielmehr die Arbeit an den Ursachen. Sollten sich hier allerdings mögliche Problemlösungen ergeben, sollte das Team diese für die nächste Phase »Verbessern« selbstverständlich festhalten.

Als Leitfaden für den Einsatz der Werkzeuge dient die Übersicht der möglichen Ursachen, wie sie bereits in der Phase »Messen« zur Abgrenzung der wichtigen Einflussfaktoren auf die Problemstellung – beispielsweise in einem Ishikawa-Diagramm – zusammengestellt wurde.

In dieser Phase können zwei Wege beschritten werden (siehe Abbildung 41): Zum einen die Untersuchung des Prozessablaufs, zum anderen die Untersuchung des vorliegenden Datenmaterials. Bei der Untersuchung des Prozessablaufs werden mögliche Verursacher des Problems wie Durchlaufzeiten, Bestände, Wertschöpfung, Schnittstellen und Kosten genauer unter die Lupe genommen. Teamarbeit ist bei diesem Vorgehen das A und O.

Der andere Weg basiert auf dem in der Phase »Messen« gesammelten Datenmaterial. Die Messgrößen werden mithilfe statistischer Werkzeuge bezüglich möglicher Ursachen untersucht. Neben grafischen Darstellungen

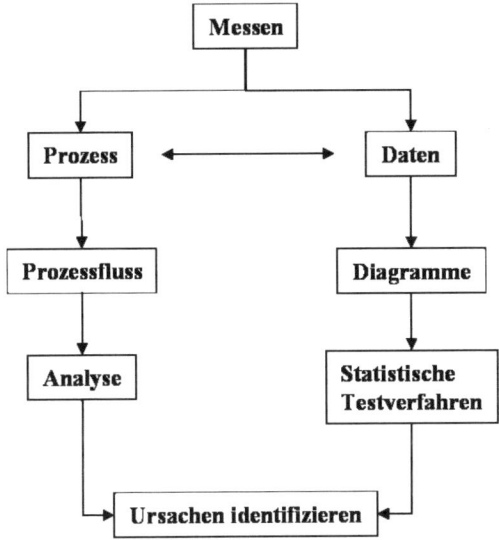

Abbildung 41: Ablauf der Analysephase

kommen hier auch Hypothesentests, Regression und Versuchsplanung zum Einsatz.

Je nach Projektsituation muss das Team die passende Methode auswählen. Bei einer ausreichenden Menge an Datenmaterial und der Möglichkeit relativ konkreter Vermutungen lassen sich mit statistischen Verfahren aussagekräftige Berechnungen anstellen. Bei Projekten mit administrativem Schwerpunkt sollte sich das Projektteam eher auf die Methoden der Prozessanalyse stützen. Selbstverständlich ist auch eine Kombination aus beidem möglich.

Prozessflussbetrachtung

Das Projektteam hat im zweiten Six Sigma-Schritt »Definieren« mithilfe des SIPOC den Prozess grob umrissen. Jetzt kann es anhand eines Prozessflussdiagramms ins Detail gehen und die einzelnen Schritte für die Analyse visualisieren (siehe Abbildungen 42 und 43).

Der Detaillierungsgrad des Prozesses richtet sich nach der Komplexität des Prozesses und – selbstverständlich – nach dem Projektziel. Das Projektteam konzentriert sich auf den Teil des Prozesses, in dem es die Ursachen für das Problem vermutet.

Wichtig ist dabei, dass man vom Ist-Zustand ausgeht, also den Prozess so beschreibt, wie er tatsächlich ist, und nicht so, wie er sein soll oder wie er in

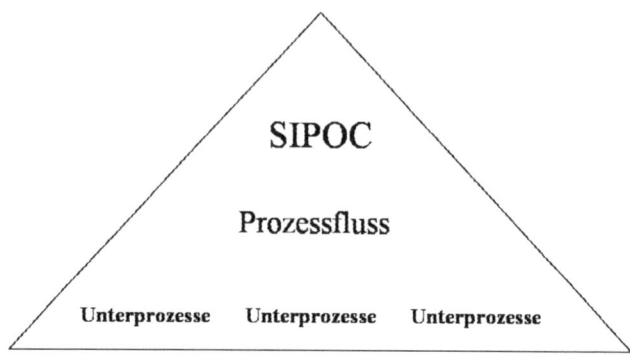

Abbildung 42: Detaillierungsgrad des Prozessablaufes

theoretischen Prozessbeschreibungen hinterlegt wurde. Erfahrungsgemäß wird der Prozess anders gelebt beziehungsweise erlebt, als er beschrieben ist. Genau in diesem Unterschied können die Ursachen für das Problem liegen. Manche Prozessschritte können sich auch verselbstständigt haben; in diesem Fall spricht man von der »versteckten Fabrik«.

TIPP: Wichtig ist, dass das Team ein Prozessflussdiagramm erstellt. Es hat sich bewährt, dies im Rahmen eines Workshops zu machen, mit dem konkreten Ziel, den Prozessablauf detailliert aufzunehmen. Falls ersichtlich und notwendig lädt man Mitarbeiter dazu ein, die wirklich in diesem Prozess tätig sind.

ALTERNATIVE: Sollte eine Sitzung nicht möglich sein, so kann man den Prozessablauf auch in Form eines Interviews aufnehmen. Dazu werden die am Prozess Beteiligten nacheinander bezüglich ihrer Tätigkeiten und Aufgaben befragt.

Es hat sich als sehr nützlich erwiesen, Metaplanwände für die Aufzeichnung beziehungsweise Darstellung zu verwenden. Auf diesen lässt sich der Prozess für alle sichtbar abbilden. Prozessflussdiagramme entstehen schrittweise, sie sind niemals zu 100 Prozent fertig. Man geht Schritt für Schritt und chronologisch die einzelnen Arbeitsschritte durch; jeder Arbeitsschritt wird auf einem Post-it notiert.

TIPP: Nutzen Sie dabei die Fragetechnik: »Was passiert mit der Sache?« Hinterfragen Sie auch Abläufe, die Sie zu kennen glauben. Sie werden immer wieder Überraschungen erleben. Aktualisieren Sie Prozessflussdiagramme, sobald Sie mehr über den Prozess wissen. Bringen Sie die Diagramme in eine präsentable Form, damit Sie Ihren Diskussionspartner kurz über den Prozessablauf informieren können.

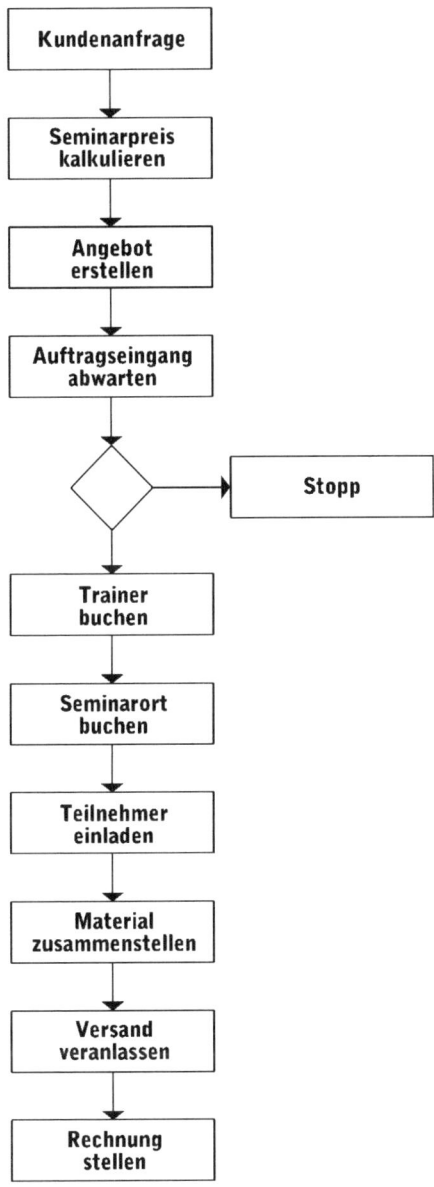

Abbildung 43: Darstellung des Prozessablaufs

TIPP: Es können sich bei der Erstellung des Diagramms Teilprozesse ergeben, die man am besten separat aufzeigt. Vermeiden sollte man eine zu tiefe Bearbeitung von Sonderfällen – im Fokus stehen die Standardabläufe.

TIPP: Hat man den Prozessfluss an der Metaplan-Wand erstellt, dann hat es sich bewährt, ihn mithilfe einer Software für Prozessfluss am Computer darzustellen. Das hat den Vorteil, dass man beliebig viele Änderungen vornehmen kann, ohne jedes Mal einen neuen Metaplan zu verwenden beziehungsweise in den alten hineinzuschreiben und damit die Übersicht zu verlieren. Teilprozesse lassen sich hier zudem noch einmal untergliedern. Ein digitalisiertes Prozessflussdiagramm lässt sich darüber hinaus per E-Mail an die Teammitglieder versenden und kann überall hin mitgenommen werden, ist also flexibler und vielseitiger einsetzbar.

Darstellungsformen des Prozessablaufs

Für die Darstellung des Prozessablaufs gibt es unterschiedliche Formen: In der klassischen Form werden nur Aktivitäten beziehungsweise Ergebnisse des Prozessschrittes ablaufgemäß darstellt. Abbildung 43 zeigt die einzelnen Schritte eines beispielhaften Prozesses.

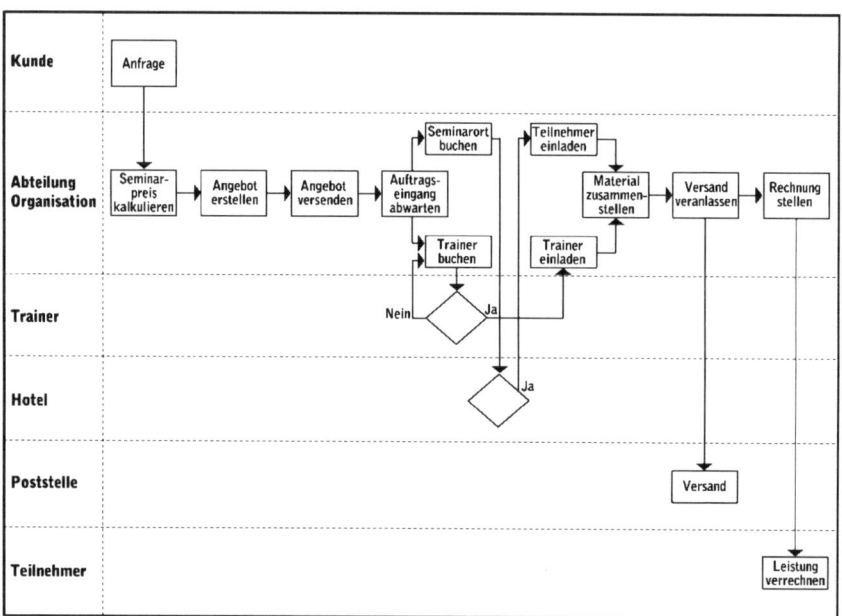

Abbildung 44: Gliederung des Prozessablaufs nach Abteilungen

Eine weitere gebräuchliche Form ist die Gliederung nach Zuständigkeiten beziehungsweise Abteilungen. Sie erweitert die erste Form um eine zweite Dimension (siehe Abbildung 44).

EXKURS: Typische Symbole in Prozessflussdiagrammen

Es hat sich als sinnvoll erwiesen, von Anfang an einheitliche Symbole in Prozessablaufdiagrammen einzusetzen. Verwenden Sie daher die Standardsymbole für ihre Darstellungen. Hier einige wichtige Beispiele:

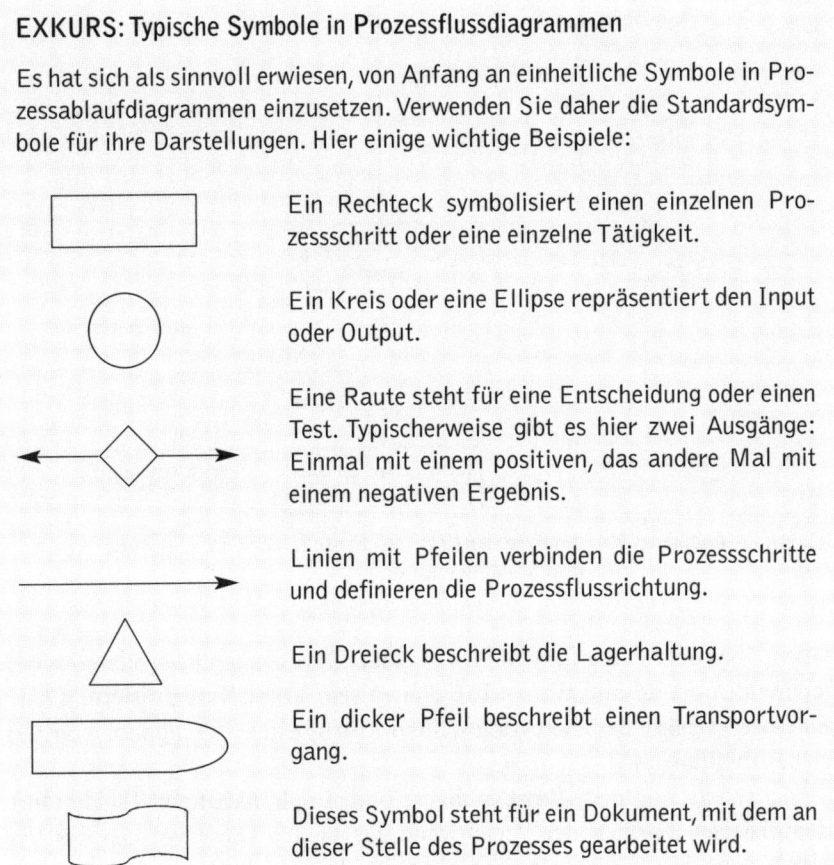

Ein Rechteck symbolisiert einen einzelnen Prozessschritt oder eine einzelne Tätigkeit.

Ein Kreis oder eine Ellipse repräsentiert den Input oder Output.

Eine Raute steht für eine Entscheidung oder einen Test. Typischerweise gibt es hier zwei Ausgänge: Einmal mit einem positiven, das andere Mal mit einem negativen Ergebnis.

Linien mit Pfeilen verbinden die Prozessschritte und definieren die Prozessflussrichtung.

Ein Dreieck beschreibt die Lagerhaltung.

Ein dicker Pfeil beschreibt einen Transportvorgang.

Dieses Symbol steht für ein Dokument, mit dem an dieser Stelle des Prozesses gearbeitet wird.

5.1 Analyse des Prozessablaufs

Zur Analyse von Prozessen gibt es eine Vielzahl von Methoden und Ansätzen. Ein pragmatischer Ansatz ist, sich an der Wertschöpfung in der Prozesskette zu orientieren. Wertschöpfende Prozessschritte fügen dem Produkt oder der Tätigkeit einen Wert zu, nicht-wertschöpfende Schritte fügen ihm keinen Wert hinzu. Die dritte Kategorie sind Tätigkeiten, die keine Wertschöpfung

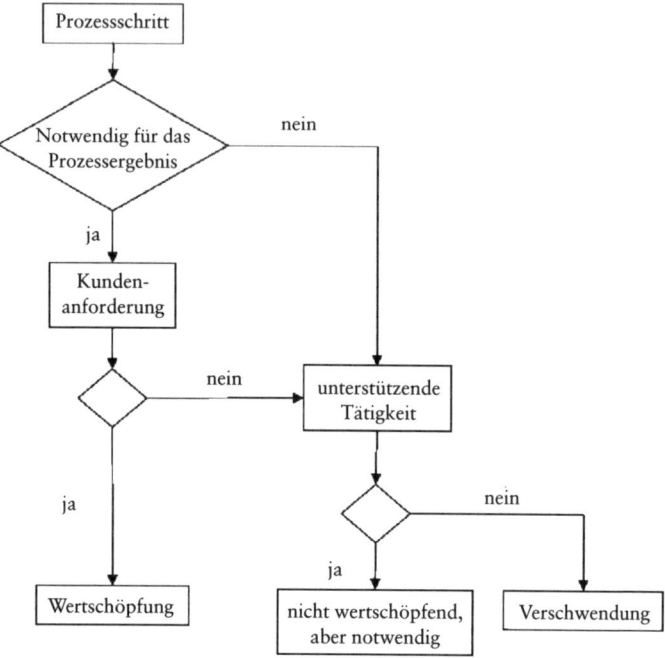

Abbildung 45: Analyse der Prozessschritte nach Wertschöpfung und Verschwendung

haben, aber notwendig für den Prozess sind. Dies können beispielsweise vorbereitende oder administrative Tätigkeiten sein. Diese Kategorisierung kann mit einer Variante des eben vorgestellten Instruments vorgenommen werden (siehe Abbildung 45).

Nichtwertschöpfende Prozessschritte finden sich in den von Taiichi Ohno identifizierten Formen der Verschwendung wieder. Diese Formen der Verschwendung lassen sich sehr gut als Leitfaden für die Prozessanalyse (vor allem bei Geschäftsprozessen) einsetzen.

Diese lassen sich in folgende sieben Kategorien einteilen:

- Überproduktion,
- Bestände,
- Transport,
- Warte- und Liegezeit,
- Herstellung,
- Bewegung,
- Fehler.

Weitere Analysepunkte sind Schnittstellen in der Herstellung oder – sehr häufig – in den Geschäftsprozessen.

Die Überproduktion in administrativen Prozessen ist die Doppel- und Mehrfacharbeit. Sie ist oftmals ein Indiz für grundlegende Probleme in einem Prozess. Sie entsteht, wenn man sich nicht sicher sein kann, ob der Prozess ohne Fehler läuft. Zwar möchte man auf Nummer sicher gehen; dieses Denken erzeugt aber hohe Kosten durch unnötigen Materialverbrauch und unnötige Arbeitszeit und lässt hohe Bestände entstehen. Außerdem wird die Basis für Entscheidungsgrundlagen bezüglich der Ressourcenauslastung verzerrt.

Ziel muss ein »Just in time«-Prozess sein. Die Ware muss zum richtigen Zeitpunkt, in der beauftragten Menge und in der gewünschten Qualität beim Kunden eintreffen. Eng verbunden mit Überproduktion ist die Verschwendungsart »Bestände«. Hohe Bestände im Unternehmen geben das subjektive Gefühl der Sicherheit. Die Auslieferung ist immer gesichert, die Produktion kann immer auf vollen Touren laufen. Die Kehrseite sind hohe Lagerhaltungskosten, hoher Verwaltungsaufwand, gebundenes Kapital. Ziel muss daher sein, ein sinnvolles ausgewogenes Verhältnis zwischen dem so genannten strategischen Bestand und dem minimalen Bestand zu erreichen.

Die Verschwendungsart »Herstellung« beinhaltet Kriterien wie unangemessene Produktionsmethoden oder Maschinenauswahl. Aber auch Problempunkte wie Schnittstellen oder die Komplexität der Prozesse gehören im Zusammenhang mit der Herstellung genauer auf mögliche Verschwendung untersucht.

Für sich gesehen ist Transport immer Verschwendung. Transportwege werden sich aber nie ganz vermeiden lassen. Trotzdem sollte man einen kritischen Blick darauf werfen. Analog zur Länge des Transportweges nimmt in aller Regel der Grad oder die Intensität der Kommunikation ab.

In diesem Zusammenhang ist auch die Verschwendung durch »Bewegung« zu sehen. Unnötig lange Wege innerhalb der Produktion, etwa durch ungünstige Arbeitsplatzgestaltung verursacht, bedeuten immer auch eine Verlängerung der Durchlaufzeiten.

Eine der offensichtlichsten Formen der Verschwendung ist das Warten. Viele Ressourcen im Unternehmen, wie Menschen, Maschinen, Information und Material, müssen warten. Die Ursachen hierfür sind vielfältig und oft schwer zu finden. Oftmals hat Warten mit Schnittstellen oder mangelhafter Ressourcenplanung zu tun.

Die Verschwendungsart »Fehler« ist die vom Kunden am wenigsten akzeptierte. Umso wichtiger ist es, sie rechtzeitig zu erkennen und zu eliminieren. Die Erfahrungsregel aus dem Qualitätsmanagement besagt, dass die Kosten der

Fehlerbehebung in jeder Phase um den Faktor 10 steigen: Wenn Fehler nicht bei Planung und Entwicklung vermieden werden, sondern erst – gemäß der jeweiligen Ablauforganisation – bei der Arbeitsvorbereitung, der Fertigung oder bei der Endprüfung, im schlimmsten Fall erst beim Kunden – dann sind sie zehn, hundert, tausend oder zehntausend Mal höher, als wenn sie bereits bei der Entwicklung vermieden beziehungsweise behoben worden wären!

Radikal betrachtet, trägt das Vermeiden von Fehlern durch den Einsatz von Kontrollwerkzeugen auch zur Verschwendung und somit zu hohen Prozesskosten bei. Nach DIN 55350, Teil 11, werden Tätigkeiten, die der planmäßigen Fehlerverhütung dienen, als Qualitätskosten bezeichnet. Unterteilt werden sie in Fehlerverhütungskosten, Prüfkosten sowie interne und externe Fehlerkosten. Der Anteil der Qualitätskosten an den Herstellkosten wird allgemein zwischen 5 und 15 Prozent geschätzt. Die Gesamtsumme der Qualitätskosten teilen sich nach Erfahrungswerten auf in rund 2 bis 15 Prozent für Fehlerverhütungskosten, in 60 bis 80 Prozent Prüfkosten und 20 bis 30 Prozent Fehlerkosten. Betrachtet man diese Anteile, so lassen sich folgende kritische Fragen stellen:

• Ist der Prozess wirklich so schlecht, dass so viel geprüft werden muss?
• Ist überhaupt bekannt, was der Prozess leistet?

Ganz allgemein lässt sich sicher festhalten, dass sich durch die Investition in Fehlerverhütung und die Einführung eines adäquaten Kontrollsystems bei

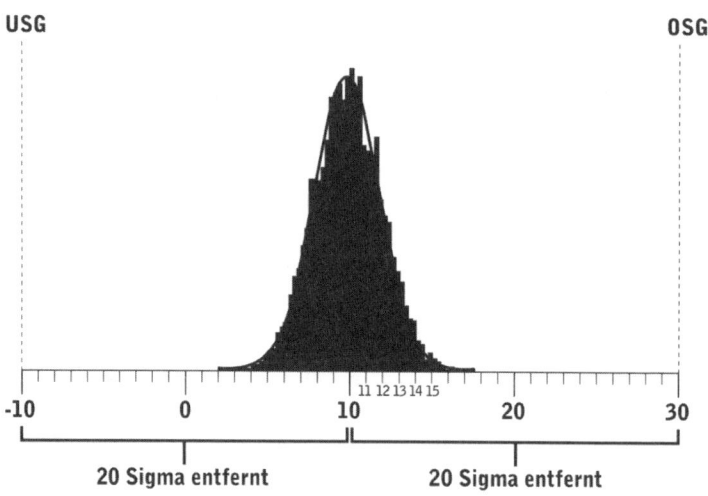

Abbildung 46: Stabiler Prozess

dann stabilen Prozessen (wie beispielhaft in Abbildung 46 gezeigt) Fehlerkosten und Prüfkosten deutlich reduzieren lassen.

Die praktische Erfahrung hat gezeigt, dass hohe Herstellkosten und lange Durchlaufzeiten oftmals durch übermäßiges Prüfen stabiler Prozesse oder Prüfen an falschen Stellen resultieren.

5.1.1 Wie wirkt sich Verschwendung aus?

Natürlich wirkt sich Verschwendung auf den Gewinn des Unternehmens aus – dann ist das Kind aber schon in den Brunnen gefallen! Direkt wirkt sich Verschwendung in der Durchlaufzeit aus. Nicht von ungefähr ist Verkürzung von Durchlaufzeiten eines der Themen, die mit der Six Sigma-Systematik bearbeitet werden. Gelingt die Verkürzung von Durchlaufzeiten, so werden Qualitätskosten gesenkt, stabile Prozesse erreicht und somit der Gewinn für das Unternehmen vergrößert. Bei Prozessen mit Kundenkontakt können sich verkürzte Durchlaufzeiten sogar direkt auf die Kundenzufriedenheit auswirken, beispielsweise aufgrund schnellerer und sauberer Abwicklung im Service.

5.1.2 Ursachenforschung: Warum tritt das Problem auf?

Die Kundenanforderungen, die erste Ursachenanalyse aus der Phase »Definieren« und die Einflussfaktoren aus der Phase »Messen« bilden das Rückgrat bei der Suche nach den Ursachen für die definierten Probleme.

Das Projektteam sieht sich in der Prozessanalyse den Ablauf des Prozesses erst einmal hinsichtlich der ersten Annahmen über die Ursachen an: Je nach Problemlage können dies hohe Herstell- und Prozesskosten, lange Durchlaufzeiten, geringe Kapazität, hohe Komplexität, hohe Bestandswerte oder eine geringe Prozessleistung sein – diese Kriterien charakterisieren den Prozess hinsichtlich seiner Schnelligkeit und Flexibilität. Nach der Analyse können hier die Ursachen, die sich als falsch erwiesen haben, gestrichen werden.

5.1.3 Visualisierung am Prozessfluss

Will sich das Projektteam einen Überblick über die Prozessschritte verschaffen, markiert es am besten alle wertschöpfenden und nicht-wertschöpfenden Schritte, die zur Verschwendung beitragen, im Prozessflussdiagramm (grün

Prozessschritt	1	2	3	4	5	6	7	8	9	10	Summe	Prozent
Zeit (min)	120	100	10	100	200	60	100	10	100	200	1000	100%
wertschöpfend			x					x			20	**2%**
nicht wertschöpfend												
Prüfen							x				100	**10%**
Liegezeit	x				x					x	520	**52%**
Verpacken						x					60	**6%**
Transport		x		x					x		300	**30%**

Abbildung 47: Wertschöpfungsmatrix

für wertschöpfend; rot für nicht-wertschöpfend). Unter wertschöpfend versteht man all die Schritte, für die der Kunde bezahlen würde. Wertschöpfende Schritte sind beispielsweise Konzipieren, Konstruieren, Montieren, Drehen, Stanzen, Pressen (Fertigungsaktivitäten), Ausliefern beim Kunden. Nichtwertschöpfende Schritte tragen nichts dazu bei, das Ergebnis zu produzieren; sie fügen ihm keinen Wert hinzu. Dazu gehören zum Beispiel das Lagern, Zählen, Warten, Prüfen, Dokumentieren, Gruppieren, Nacharbeiten und Verfolgen.

Im Anschluss daran lässt sich die Prozessleistung aus der Zeit berechnen, die das Unternehmen für wertschöpfende Schritte benötigt, dividiert durch die Gesamtlaufzeit: Dabei wird deutlich, wie viele nicht-wertschöpfende Schritte das Unternehmen macht und wie viel diese Schritte es kosten. Beispiel: Gesamtdurchlaufzeit 270 Stunden; Anteil an wertschöpfenden Prozessschritten 95 Stunden ergibt eine Prozessleistung von 35 Prozent.

Zur genaueren Analyse empfiehlt sich der Einsatz einer Wertschöpfungsmatrix (siehe Abbildung 47). Hier werden die Prozessschritte mit ihrer jeweiligen Durchlaufzeit oben eingetragen. Auf der linken Seite befinden sich die Kriterien wertschöpfend und nicht-wertschöpfend, mit möglicherweise einer noch verfeinerten Auflistung der Verschwendungsarten. Die einzelnen Prozessschritte werden nacheinander nach Wertschöpfung oder Nicht-Wertschöpfung untersucht. Am Ende erhält man die Anteile an Wertschöpfung beziehungsweise Nichtwertschöpfung, und – noch genauer – die Anteile der Aspekte, die Nichtwertschöpfung bedeuten.

Leicht lässt sich hier nach der Pareto-Regel erkennen, welches die Haupttreiber für die fehlende Wertschöpfung beziehungsweise der Verursacher von Kosten im Prozess sind. In diesem Beispiel verursachen die zwei größten Verschwendungsursacher – Liegezeit und Transport – zusammen 82 Prozent des Zeitaufwandes der gesamten Prozessschritte (siehe Abbildung 48).

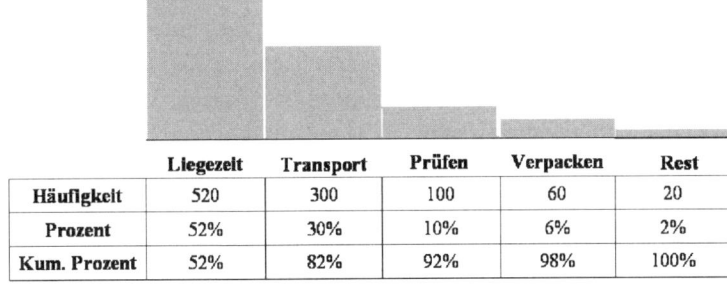

	Liegezeit	Transport	Prüfen	Verpacken	Rest
Häufigkeit	520	300	100	60	20
Prozent	52%	30%	10%	6%	2%
Kum. Prozent	52%	82%	92%	98%	100%

Abbildung 48: Pareto-Auswertung zur Ermittlung der Kostenverursacher

5.1.4 Überproduktion und Engpässe

Markieren Sie im Prozessablauf beispielsweise die Engpässe (so genannte bottlenecks, zu deutsch: Flaschenhälse). Das sind Ressourcen, deren Kapazität die Menge an Informations- und Materialdurchfluss eines Prozessschritts eingrenzt. Hier entsteht daher ein Missverhältnis zwischen Kapazität und Bedarf. Auf der anderen Seite kann auch Überproduktion zu Problemen im Prozessfluss führen – mit dem Vorteil, dass hier weiter produziert werden kann. Aufgrund einer Überproduktion ergeben sich aber ganz andere Probleme, wie etwa hohe Kostenblöcke, die in Materialien oder Zwischenprodukten stecken, die unter Umständen auch später nicht verwendet werden können.

Die Aufgabe des Projektteams ist es in dieser Phase, unausgewogene Prozessabläufe, also sowohl Engpässe als auch Überproduktion, zu erkennen und aufzudecken. Werden diese hier nicht erkannt, können sie logischerweise im späteren Verlauf auch nicht behoben werden – daher ist eine genaue Prüfung der erhobenen Daten besonders wichtig.

5.1.5 Berechnung der Kapazität eines Prozesses

Die Prozesskapazität ist der maximal erreichbare Output pro Zeiteinheit. Diese Größe entspricht dem Quotienten aus der Anzahl der produzierten Einheiten pro Zyklus und der Zykluszeit, also beispielsweise:

$$\frac{1\,000 \text{ Einheiten}}{5 \text{ Stunden}} = 200 \text{ Einheiten/h}$$

Der Kundentakt (Taktzeit) gibt an, wie viel Zeit für eine bestimmte Tätigkeit im Idealfall in Anspruch genommen werden soll, um die Kundennachfrage genau zum richtigen Zeitpunkt – just in time – zu befriedigen. Der Quotient aus »Nettoarbeitszeit" (also ohne produktive Zeiten wie Pausen) und durchschnittlicher täglicher Kundenanforderung (Menge, Umfang) ergibt den Kundentakt.

5.1.6 Bestände

Das Projektteam hat darüber hinaus die Möglichkeit, im Prozessflussdiagramm die Bestände zu hinterlegen. Entlang des Prozesses identifizieren die Teammitglieder die einzelnen Bestände und addieren sie. Ziel ist es, den Bestandswert, die durch Bestände belagerten Flächen und den durch Mangel an Beständen resultierenden Anteil an Wartezeiten, zu identifizieren. Hier ergeben sich drei Aspekte, die beachtet werden müssen:

- Wie groß muss die Fläche sein?
- Wie groß ist der Bestandswert?
- Resultiert durch mangelnde Bestände eine Wartezeit und passen die Bestände zur Auslastung der Maschinen beziehungsweise zur Kundennachfrage?

Anschließend können sie einen Abgleich machen zwischen dem, was das Unternehmen wirklich an strategischen Beständen in Form von Puffern braucht, und dem, was es als strategischen Bestand in der Hinterhand hält. Dazu kann das Team wieder die Kosten für den überflüssigen Bestand aufrechnen, etwa die Lagerhaltungskosten und die Beschaffungskosten. Das Beispiel in Abbildung 49 zeigt Ist-Bestände von verschiedenen Materialien oder

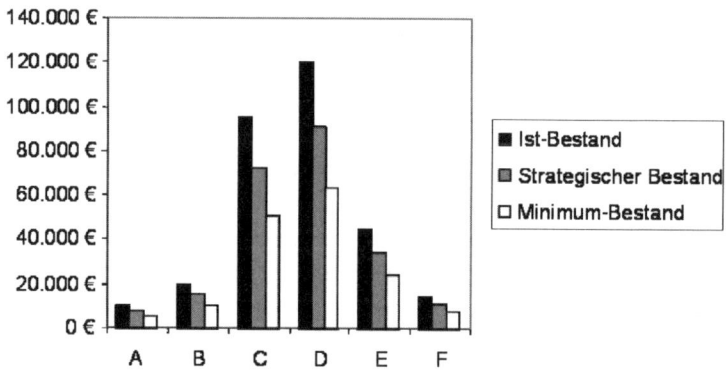

Abbildung 49: Bestände im Unternehmen

Zwischenprodukten – in diesem Fall könnten alle Bestände gesenkt und somit erhebliche Kosten eingespart werden.

5.1.7 Transport und Bewegung

Weitere Möglichkeiten zur Prozessvisualisierung bieten Material- oder Personenflussdarstellungen, mit denen sich innerhalb des Herstellungs- oder Dienstleistungsprozesses sämtliche Material-, Personal- und Rohstoffbewegungen visualisieren und infolgedessen bezüglich Durchlaufzeiten und Engpässen analysieren lassen. Hier gibt es drei verschiedene Werkzeuge: Spaghetti-Chart, Block-Layout sowie die Transport-Matrix.

Das Spaghetti-Chart ist der Grundriss des Produktions- oder Firmengebäudes. Hier trägt das Projektteam die Wege ein, die Mitarbeiter, Materialien oder Rohstoffe nehmen (siehe Abbildung 50). Der Name erschließt sich bei der Betrachtung des Charts. Ein Block-Layout ist dabei eine schematische, gröbere Darstellung dieser Bewegungen. Diese Form bietet sich an, wenn die naturgetreuere Abbildung einen zu hohen Aufwand darstellen oder zu unübersichtlich werden würde.

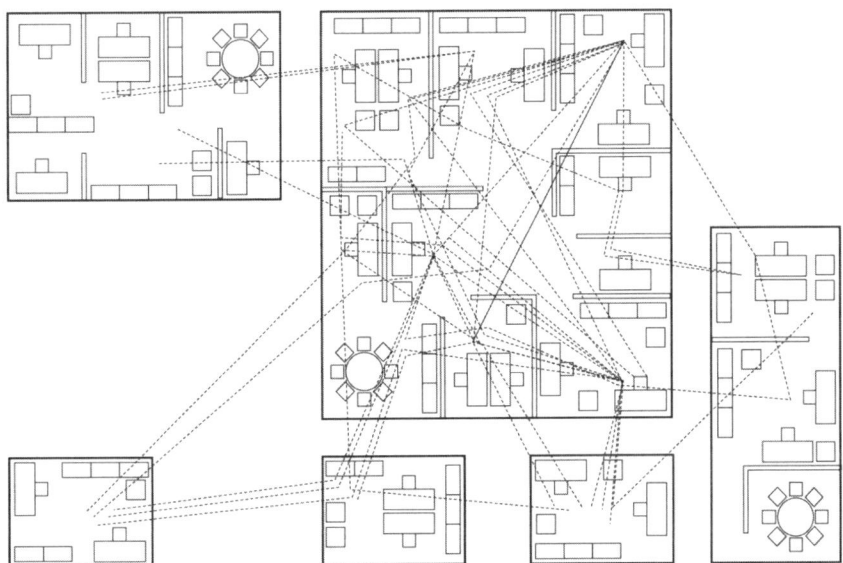

Abbildung 50: Spaghetti-Chart

5.1.7.1 Informationsflussanalyse

Gerade in Geschäftsprozessen spielt der reibungslose Fluss von Information eine große Rolle. In der Praxis hat sich gezeigt, dass von der Erstellung eines Dokuments bis zu seiner Benutzung und dem tatsächlichen Einfließen in Prozesse meist eine lange Zeit vergeht. Oftmals ist es dann gar nicht mehr aktuell. Gehören mehrfache Ablage und Prüfung ein und desselben Dokuments zu einem Prozess, sollte man dies auf jeden Fall genauer unter die Lupe nehmen.

Für jeden Prozessschritt werden die jeweiligen Dokumente nach den Kriterien Erstellung, Kontrolle und Benutzung eingeteilt und anschließend in einer Matrix eingetragen. Auf diese Weise erhält man einen Überblick über unnötige oder doppelte Kontrollschritte oder auch überflüssiges Erstellen bereits vorhandener Dokumente.

Prozessschritte	Dokument 1	Dokument 2	Dokument 3
1		E	
2	E	K	E
3		K	E
4			B
5	K		
6		B	
7	B		
E = Erstellung	K = Kontrolle	B = Benutzung	

Abbildung 51: Informationsflussanalyse

5.1.7.2 Schnittstellen

Bereits bei der Erstellung eines Flussdiagramms lässt sich erkennen, welch hohe Komplexität der Prozess hat. Die Anzahl der Beteiligten, der Abteilungen und auch die Schleifen innerhalb des Prozessablaufs werden hier sichtbar. Möglicherweise liegen die Ursachen des Problems in der großen Anzahl an Schnittstellen. Deshalb ist es wichtig, sie zu analysieren. Dies kann mit Fragen dieser Art geschehen:

- Wer ist alles an diesem Prozessschritt beteiligt?
- Wie viele Schleifen gibt es?
- Gibt es klare Regeln an den Schnittstellen?

- Welche Schnittstellen verzögern den Prozessablauf, sind mögliche Engpassfaktoren?
- Gibt es unnötige (beispielsweise doppelte) Schnittstellen?

5.1.8 Prozesskosten

Bei der Analyse der Prozesskosten muss das Team die Ist-Kosten für den Prozess identifizieren. Das ist die Basis für eine Kosten-Nutzen-Analyse, die Schwachstellen und Kostentreiber im Prozess aufzeigt. Das Tool kann beispielsweise eine Excel-Tabelle mit folgenden Angaben sein: Prozessschritt, Mitarbeiterkosten/-beteiligung, Betriebskosten für Maschinen, Mietkosten, Gemeinkosten und so weiter. All das lässt sich in einer Matrix erfassen, die dann die Hauptkostenverursacher aufzeigt (siehe Abbildung 52).

Berechnung von Prozesskosten

Prozessschritt	Ort	Lohnkosten/Std	Gemeinkosten/Std	Gesamt	Prozentanteil
Annahme der Ware	Wareneingang	10,00 €	24,00 €	34,00 €	8,02%
Transport	Lager	15,00 €	35,00 €	50,00 €	11,79%
Lagern	Lager	0,00 €	27,00 €	27,00 €	6,37%
Transport	Fertigung	10,00 €	35,00 €	45,00 €	10,61%
Fertigen	Fertigung	45,00 €	40,00 €	85,00 €	20,05%
Montage	Montagehalle	34,00 €	50,00 €	84,00 €	19,81%
Transport	Endlager	10,00 €	27,00 €	37,00 €	8,73%
Lagern	Endlager	0,00 €	27,00 €	27,00 €	6,37%
Versand	Warenausgang	10,00 €	25,00 €	35,00 €	8,25%
				424,00 €	100,00%

Abbildung 52: Berechnung der Prozesskosten

5.2 Datenanalyse – Ursache und Wirkung darstellen anhand des Zahlenmaterials

Wie bereits in der Phase »Messen« dargestellt wurde, visualisiert das Projektteam das Zahlenmaterial anhand von verschiedenen Diagrammen, Matrizen und Charts. Die grafischen Auswertungen des Zahlenmaterials, das man in der Phase »Messen« erhoben hat, werden mit den Ergebnissen der Prozessanalyse ergänzt.

In diesem Schritt macht man nun eine systematische Datenanalyse und konzentriert sich zunächst auf die Visualisierungen. Die Teammitglieder untersuchen die Prozessergebnisse, die Output-Größen, also beispielsweise die fertigen Endprodukte, hinsichtlich ihrer qualitativen Verteilung beziehungsweise Streuung – etwa anhand eines Verlaufsdiagramms. Das Projektteam sucht dabei nach Ausreißern, nach Zeitverlauf und Stabilität – zum Beispiel anhand der Regelkarten – und nach der Prozessfähigkeit. Gleiches gilt für die Input-Größen, also die Einflussfaktoren und das Material, das für den Prozess verwendet wird. Dazu benutzt das Projektteam Tools wie Häufigkeitsdiagramme, Pareto-Diagramme oder Box-Plots (siehe Kapitel 5.2.1). Weiterhin kann es die Beziehung zwischen den Einflussgrößen (Input) und dem Prozessergebnis mithilfe von Diagrammen wie Streudiagrammen und Multi-Vari-Diagrammen untersuchen (siehe ebenfalls Kapitel 5.2.1).

5.2.1 Grafische Methoden

Häufigkeitsverteilung, Pareto-Charts, Box-Plots und sämtliche Verlaufsdiagramme sowie Regelkarten sind die meist genutzten grafischen Methoden der Datendarstellung.

Die grafische Darstellung wird mithilfe von Computerprogrammen erarbeitet. Das einfachste Programm und zugleich das am häufigsten genutzte ist Microsoft Excel. Die Daten müssen visualisiert werden, um die Auswertung zu veranschaulichen und damit erste Aussagen über die Prozess-Performance treffen sowie die Ursachen weiter spezifizieren zu können.

Häufigkeitsverteilungen werden meistens in Form von Balkendiagrammen dargestellt. Stapel von Datenpunkten zeigen, wie oft eine Messung von Werten beziehungsweise eine Reihe von Vorgängen auftritt. Die einzelnen Werte werden in Klassen zusammengefasst, die auf der x-Achse eingetragen werden. Die Anzahl der Klassen und die Klassengrenzen lassen sich berechnen.

Anzahl der Klassen: $\sqrt{n}$ bei 50 bis 400 Messwerten; ab 400 Messwerten 20 Klassen

Klassenbreite: $\dfrac{\text{größter Wert} - \text{kleinster Wert}}{\text{Anzahl der Klassen}}$

Ein Beispiel für die Zusammenfassung von einzelnen Messwerten zu Klassen zeigt Abbildung 53, in dem die Messwerte (in diesem Fall: Länge in Millimetern) von 1 000 Dachziegeln aufgeführt sind. Dabei haben sich zehn sinnvolle Klassen bilden lassen.

Klasse	Häufigkeit
366	5
370	43
373	67
377	184
380	191
384	244
387	137
391	97
394	22
398	10
und größer	0

Abbildung 53: Einteilung von Messwerten
in Klassen und deren Häufigkeit

Warum greift man auf Häufigkeitsverteilungen zurück? Das bietet sich an, weil sich mit ihnen eine große Anzahl von Daten gut darstellen lässt, und zudem die Art der Verteilung der Daten sowie unter anderem ihre Spannbreite und die Variation erkennbar sind. Anhand der Formen von Häufigkeitsverteilungen lassen sich auch schon unterschiedliche Schlüsse über die Qualität der Prozesse ziehen. Bei Häufigkeitsverteilungen gibt es noch die Möglichkeit, so genannte Dot-Plots oder Punktediagramme, die mit Punkten statt mit Balken arbeiten, zu erstellen. Die Dot-Plots kann man sowohl für kleine als auch für größere Datensätze benutzen.

Histogramme lassen sich bezüglich ihrer Verteilung analysieren. Hier gibt es unterschiedliche Muster, aus deren Form das Projektteam mögliche Ursachen oder Regelmäßigkeiten herauslesen kann. Vorsicht: Durch die Klasseneinteilung besteht die Gefahr der Verzerrung.

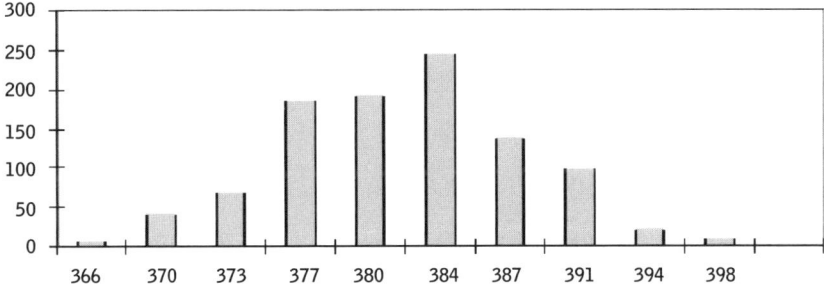

Abbildung 54: Histogramm

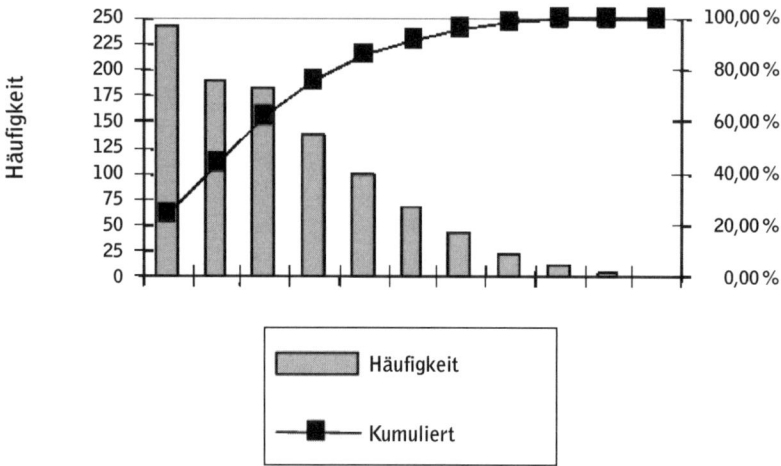

Abbildung 55: Pareto-Diagramm zur Visualisierung der Häufigkeit

Das *Pareto-Diagramm* ist schon aus der Variablen-Reduktion bekannt. In der Analyse kommt es zum Einsatz, um die Häufigkeit des Auftretens eines Effekts zu visualisieren. Im Grunde ist es eine Übersicht über die Rangfolge der einflussreichsten Effekte.

Mithilfe von *Box-Plots* erhält man einen guten Überblick über die Häufigkeitsverteilung von Datenwerten (siehe Abbildung 57). Es werden der minimale und der maximale Wert sowie der Median angezeigt. Die Box zeigt die mittleren 50 Prozent der Daten an. Damit lassen sich die Daten schnell analysieren, wenn man ihre Lage bezüglich ihrer verschiedenen Kategorien betrachten will. Erste Unterschiede werden so sehr gut sichtbar.

	Linie 1	Linie 2	Linie 3	Linie 4
1. Quartil	375,161	376,19075	375,2705	376,6255
3. Quartil	384,09625	384,0335	384,439	384,54825
Median	379,8145	380,448	379,257	380,5445
Minimum	365,504	366,254	364,612	362,983
Maximum	397,411	397,594	396,907	395,05

Abbildung 56: Berechnung der Werte zur Erstellung eines Box-Plot-Diagramms

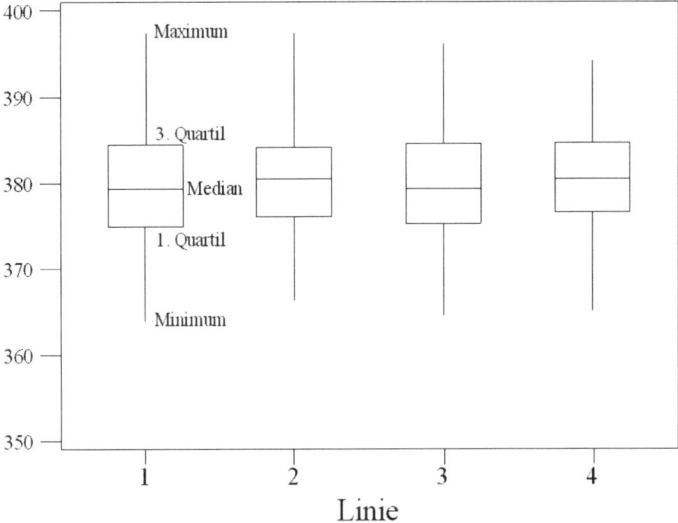

Abbildung 57: Box-Plot-Diagramm

In Abbildung 56 lassen sich keine signifikanten Unterschiede in der Lage der Daten der vier Linien erkennen.

Bei *Verlaufsdiagrammen* werden die Messwerte entweder der Reihe nach oder im zeitlichen Verlauf eingetragen. Verbindet man diese Punkte, erhält man den Verlauf der Messwerte innerhalb der Messung (siehe Abbildung 58). Warum nutzt man Verlaufsdiagramme? Sie dienen dazu, Trends und Auffäl-

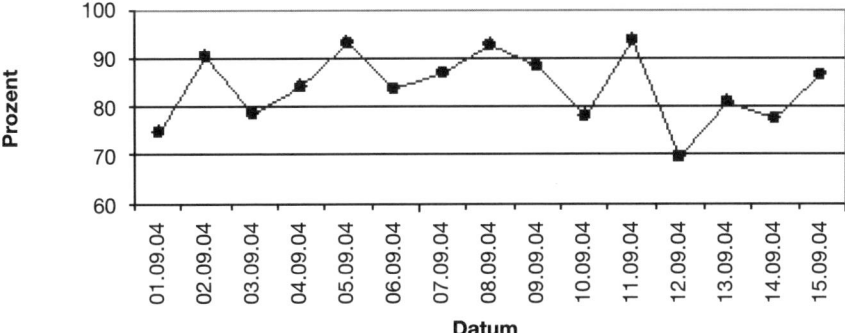

Abbildung 58: Verlaufsdiagramm zur Prozessausbeute

ligkeiten über den gesamten Zeitraum hinweg zu veranschaulichen. Auffällig sind dort auch die Veränderungen im Prozess. Das Projektteam erhält damit eine erste Visualisierung der Prozessstreuung. Auf der horizontalen Achse werden die Zeitabschnitte eingetragen, auf der vertikalen Achse steht der numerische Wert, der Messwert. Die einzelnen Punkte werden miteinander verbunden. Anhand der Messdaten lassen sich der Median ausrechnen und einzeichnen sowie anschließend verschiedene Signale herauslesen. Außerdem sind in den Verlaufsdiagrammen die Ausreißer nach unten oder nach oben sowie die Extremwerte ersichtlich. Dabei lässt sich nicht von vornherein sagen, ob es ein Ausrutscher ist oder wirklich ein Extremwert.

Streudiagramme (siehe Abbildungen 59, 60, 61) stellen den Zusammenhang zwischen zwei kontinuierlichen Merkmalen grafisch dar, der sich möglicherweise funktional analysieren lässt. Man kann anhand dieser Darstellungsform herausfinden, ob die Veränderung einer Variablen die andere Variable auch verändert. Und aus den Mustern von Streudiagrammen kann das Projektteam Zusammenhänge innerhalb des untersuchten Prozesses interpretieren.

Das Projektteam kann die Streudiagramme unter Umständen noch einmal schichten – um zu sehen, ob es einen Zusammenhang gibt zwischen der Arbeitszeit eines Bedieners im Job und der Durchlaufzeit und ob diese wiederum im Zusammenhang steht mit unterschiedlichen Produkten.

Das Prinzip der *Multi-Vari-Analyse* ist die bildliche Darstellung der Variation beziehungsweise mehrerer Variationen. Man sucht bei dieser Analyse

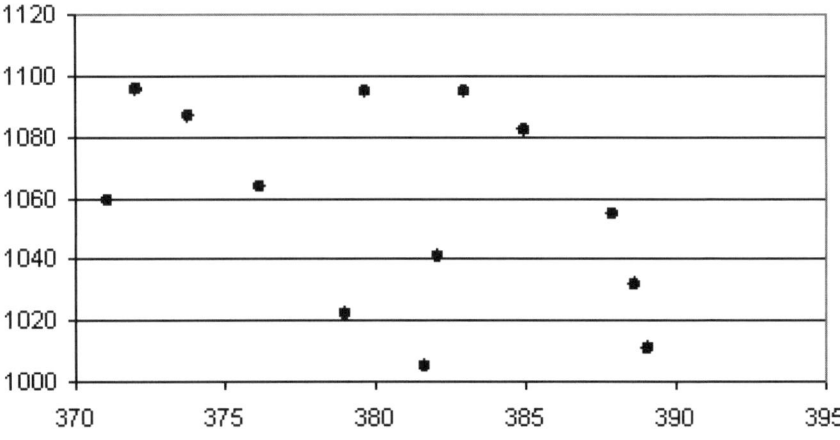

Abbildung 59: Streudiagramm ohne Zusammenhang zwischen zwei Merkmalen

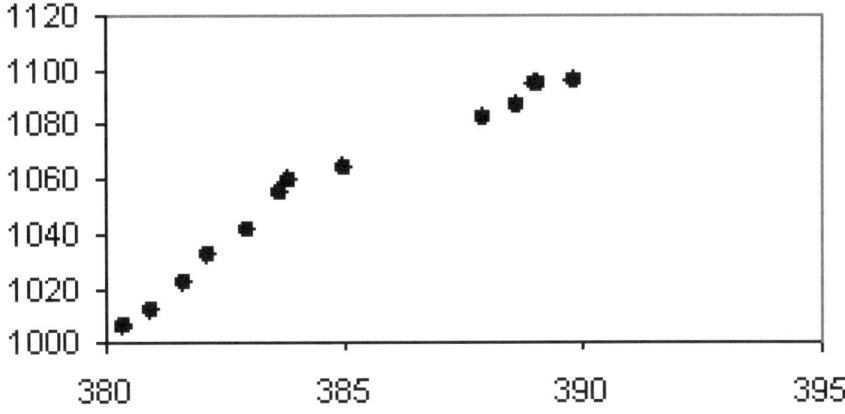

Abbildung 60: Streudiagramm mit positivem Zusammenhang zwischen den Merkmalen

nach Unterschieden in den jeweiligen Komponenten. Dazu spaltet das Projektteam die gesamte Variation des Prozesses in unterschiedliche Komponenten auf. Diese Komponenten können ein Vergleich unterschiedlicher Schichten, Regionen (etwa Herstellungsorten) oder verschiedener Bediener sein. Damit lassen sich die Werte, die an einem Tag erhoben wurden, miteinander vergleichen. Möglich ist auch die Gegenüberstellung von Werten, die an verschiedenen Tagen erhoben wurden. Das Projektteam hat mit dieser Analyse die Möglichkeit, die Variation mehrerer Stichproben, die Variation innerhalb

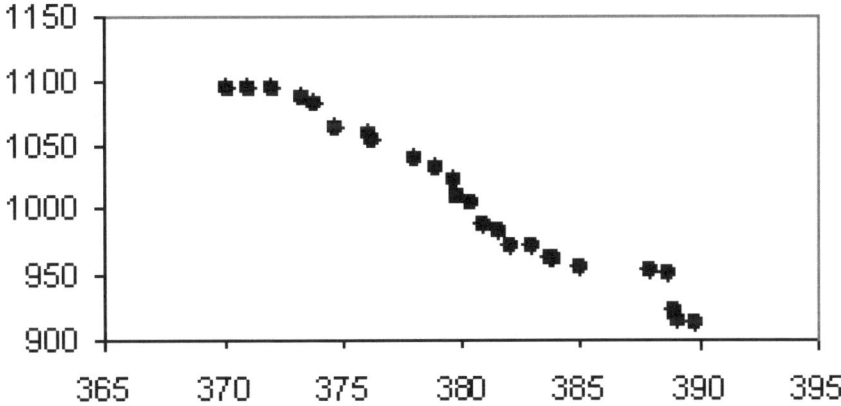

Abbildung 61: Streudiagramm mit negativem Zusammenhang zwischen den Merkmalen

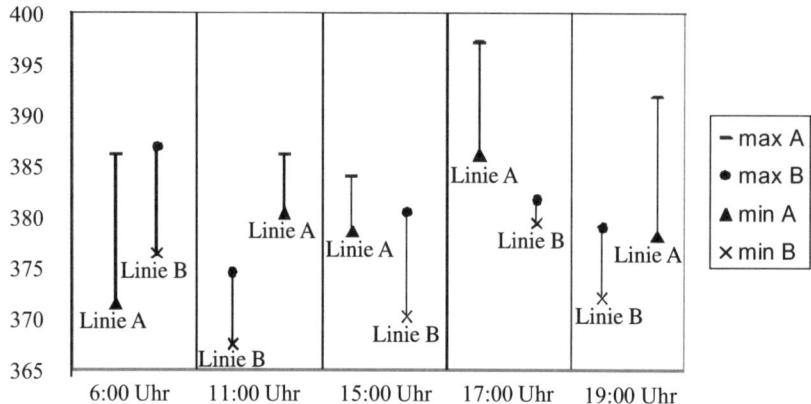

Abbildung 62: Multi-Vari-Analyse zweier Produktionslinien

der Stichproben und die Variation über die Zeit zu betrachten, daher der Name Multi-Vari-Analyse. Indem man nun feststellt, ob die Ursache für die Streuung beispielsweise unterschiedliche Bediener oder unterschiedliche Regionen sind, lassen sich an dieser Stelle prozesskritische Ursachen leicht eingrenzen.

Ausreißer kann das Projektteam mithilfe von Box-Plots, Histogrammen oder Regelkarten identifizieren. Sind sie erklärbar – beispielsweise durch Eingabefehler –, werden sie aus der Datenmenge entfernt, weil sie sonst bei den weiteren Berechnungen die Ergebnisse verfälschen würden. Die Ausreißer können aber auch eine kritische Störgröße sein, also eine potenzielle Ursache für das Problem. Sind sie nicht erklärbar und damit auch nicht aus der Datenmenge entfernbar, kann das Projektteam eine Berechnung mit Ausreißer erstellen und eine ohne Ausreißer. Daran ist dann ersichtlich, ob das Ergebnis sich durch den Ausreißer auf relevante Weise ändert, oder ob er keinen Einfluss auf das Resultat der Berechnungen hat.

5.2.2 Einsatz von statistischen Testverfahren

Neben den reinen Beschreibungen in Form von Datendarstellung, wie sie oben gezeigt wurden, sind statistische Tests eine weitere wichtige Entscheidungshilfe in der Analyse. In diesem Arbeitsschritt verifiziert das Team mögliche Hypothesen zur Ursache, die sich durch die bisherige Auswertung ergeben haben. Beispiel hierfür ist die Hypothese, dass die Fehleranzahl eines Prozesses am Nachmittag höher ist als die Fehleranzahl am Vormittag oder die Durchlaufzeiten einzelner Prozessschritte sich voneinander unterscheiden. Ebenso kann man sich Klarheit darüber verschaffen, ob der Prozess in der Lage ist, bestimmte Zielwerte zu erreichen oder nicht.

Die Verifizierung oder Falsifizierung dieser Hypothesen ermöglicht es, an die wahren Ursachen des Problems heranzukommen. Daneben eignen sich die Verfahren auch, um Aussagen über Verbesserungen im Prozess zu machen. Das ist für den Abschluss des Projekts nach Pilotierung beziehungsweise Implementierung der Verbesserung von Bedeutung, um sie auch statistisch nachweisen zu können.

Das Projektteam muss nun in Erfahrung bringen, ob der Unterschied beziehungsweise der Zusammenhang statistisch signifikant und praktisch relevant oder ob er nur zufällig zustande gekommen ist.

Warum statistische Auswertungsverfahren? Das Projektteam hat in der Phase »Messen« dem Prozess Stichproben entnommen. Anhand dieser Stichproben will es nun Aussagen über den Prozess machen. Mithilfe der statistischen Tests lässt sich das Risiko, dass das Team eine nicht-prozesstypische Stichprobe gezogen hat, quantifizieren. Ganz ausschließen lässt sich das Risiko allerdings nicht.

Praktische Anwendungsfälle, in denen mit statistischen Auswertungsverfahren gearbeitet wird, sind Vergleiche von Stichprobendatensätzen zu einem vorgegebenen Zielwert (beispielsweise der Spezifikationsgrenzen), Vergleiche von zwei oder mehreren konkreten Stichproben-Datensätzen oder Vergleiche von zwei oder mehreren Stichproben hinsichtlich ihrer Mittelwerte, ihrer Streuung, ihrer Proportionen (etwa bei attributiven Daten). Des Weiteren kann damit die Frage geklärt werden, ob tatsächlich ein wahrer Unterschied zwischen den verschiedenen Stichproben besteht oder ein erster Blick auf die Auswertung täuscht.

Die im Folgenden dargestellten Methoden liefern nur einen Einblick in die Möglichkeiten, die sich mit statistischen Auswertungsverfahren bieten. Ziel ist nicht eine umfassende Beschreibung der statistischen Verfahren. Dennoch ist auch ein elementarer Einblick für Anwender der Six Sigma-Methodik hilfreich und notwendig, um ein Gefühl dafür zu erhalten, welche Fragestellungen grundsätzlich für statistische Verfahren geeignet sind. Projektteams sollten sich bewusst langsam in die Materie einarbeiten, um nicht zu schnell und damit oberflächlich die Daten zu analysieren und somit die Kernaussagen zu übersehen.

5.2.3 Grundsätzliches zu statistischen Auswertungsverfahren

Statistischen Auswertungsverfahren liegen verschiedene Modelle der Verteilung von Kennwerten zugrunde. Das bekannteste Modell ist dabei die Normalverteilung, die in der Phase »Messen« schon vorgestellt wurde. Weitere Verteilungsmodelle sind die t-Verteilung, die F-Verteilung, Chi^2-Verteilung, Poisson- und Binominalverteilung. Je nach Verteilung der Daten und je nach Testverfahren liegt dementsprechend ein anderes Verteilungsmodell zugrunde.

5.2.3.1 Denkweise bei Testverfahren

Zwei gegensätzliche Behauptungen – Nullhypothese H_0 und Alternativhypothese H_A – werden mittels eines Vergleichs zwischen einer errechneten Prüfgröße aus der Stichprobe und einem oder zwei Schwellenwerten bewertet. Ziel ist es, entweder die Nullhypothese anzunehmen oder zu verwerfen. Die Nullhypothese geht von der Voraussetzung aus, dass die Abweichung zwischen Stichprobe und Grundgesamtheit des Prozessschrittes zufällig ist und in Wirklichkeit kein (signifikanter) Unterschied besteht. Bei der Entscheidung für oder gegen die Nullhypothese kann man einen Entscheidungsfehler begehen. Unterschieden werden dabei zwei Typen von Fehlern:

- Typ 1: Man weist die Nullhypothese zurück, obwohl sie in Wirklichkeit wahr ist;
- Typ 2: Man nimmt die Nullhypothese an, obwohl sie in Wirklichkeit falsch ist.

Dieses Fehlerrisiko kann man festlegen. Bei technischen Fragestellungen sind 5 Prozent beziehungsweise 1 Prozent üblich. Diese Irrtumswahrscheinlichkeit wird mit α bezeichnet. Die statische Sicherheit beträgt dementsprechend $1 - \alpha = 95$ Prozent oder eben 99 Prozent.

Voraussetzungen für Testverfahren sind die zufällige Anordnung der Messwerte der Stichproben – das sollte bereits bei der Stichprobenplanung bedacht werden. Die Stichprobe muss frei von Ausreißern sein (siehe Qualitätsregelkarten, Kapitel 4.5)

5.2.4 Vorgehensweise zur Testdurchführung

Zunächst definiert das Projektteam das Problem: Was wollen wir wissen? Im Einzelfall können die Fragen dann folgendermaßen aussehen: Gibt es einen Unterschied in der Beschaffenheit des Materials (Mittelwert, Streuung) zwischen zwei Lieferanten? Und liegt in diesem Unterschied die mögliche Ursache für die aufgetretenen Probleme in diesem Prozess?

Angenommen, die Lieferanten liefern Materialien, die sich in der Stichprobe in Mittelwert und Standardabweichung unterscheiden. Das Projektteam stellt daraufhin seine Hypothesen für diesen Test auf. Zunächst wird die Nullhypothese (H_0-Hypothese) aufgestellt, die besagt, dass der Unterschied der Lieferanten bezüglich des Mittelwerts des Materials zufällig ist. Die Alternativhypothese dazu ist H_A und besagt, dass der Unterschied nicht zufällig ist. Dann bestimmt das Projektteam, welchen statistischen Test es nutzt, um die Hypothese zu testen. Die Art des Tests hängt vom Datenmaterial ab und davon, was das Team testen will. Zusätzlich müssen die Voraussetzungen für die Testverfahren überprüft werden. Schließlich legt das Projektteam die Wahrscheinlichkeit fest, mit der es das Risiko eingeht, einen Fehler zu begehen. In den meisten Fällen veranschlagt man hier einen Wert α von 5 Prozent, wer sicherer in seiner Entscheidung sein möchte, wählt α von 1 Prozent.

Das Team berechnet nun die Teststatistik anhand der Daten, die es in der Phase »Messen« erhoben hat. Anschließend wird die berechnete Prüfgröße mit dem kritischen Schwellenwert der Prüfverteilung verglichen. Kritische Schwellenwerte der Prüfverteilungen lassen sich tabellarisch aufgeführt in der Fachliteratur finden. Ist die Prüfgröße größer als der berechnete Schwellenwert, wird die Nullhypothese zugunsten der Alternativhypothese abgelehnt. Abschließend erfolgt eine Interpretation der erhaltenen Aussage im Zusammenhang mit der Fragestellung.

TIPP: Sollte man häufiger statistische Testverfahren einsetzen, lohnt sich der Einsatz von statistischer Software. Die Basistestverfahren lassen sich jedoch auch mit Excel berechnen. Statistische Testsoftware berechnet allerdings noch die Wahrscheinlichkeit, dass der Unterschied in den Stichproben zufällig zustande gekommen ist, wenn die H_0 richtig ist. Diese Wahrscheinlichkeit nennt man den P-Wert. Ist der P-Wert größer als das zuvor festgelegte Risiko von 5 oder 1 Prozent, so wird die Nullhypothese beibehalten; ist der errechnete Wert kleiner, so wird die Nullhypothese verworfen.

5.2.5 Überblick über die Testinstrumente

Hier erfolgt nur eine Darstellung von in der Praxis relativ einfach einsetzbaren Testverfahren. Darüber hinaus gibt es noch eine Vielzahl von weiteren Verfahren, doch generell lassen sie sich in vier grundsätzliche Gruppen einteilen – abhängig von der zugrunde liegenden Vorgehensweise:

1. Die Berechnung von Vertrauensintervallen, auch Konfidenzintervalle genannt, für die aus der Stichprobe berechneten Mittelwerte und Standardabweichungen beziehungsweise auch für die berechneten Prozessfähigkeitswerte. Dadurch lässt sich schließen, in welchem Bereich die Parameter in dem Prozess liegen werden.
2. Ein Vergleich mit einem Zielwert: Ist das Ziel beispielsweise ein Mittelwert von 380 Millimetern, lässt sich ermitteln, ob der Prozess dieses Ziel erfüllt.
3. Zwei Stichproben miteinander vergleichen.
4. Mehr als zwei Stichproben miteinander vergleichen.

Abbildung 63 zeigt einen Überblick über die kontinuierlichen und diskreten Merkmale, die für diese vier grundlegenden Vorgehensweisen in statistischen Testverfahren herangezogen werden.

	Kontinuierliche Merkmale (Merkmale)			Diskrete Merkmale (Anzahl)
Vertrauensbereiche	Mittelwert	Streuung	Cpk	Anteile
Test gegen Zielwert	Mittelwert	t-Test		Anteile
Test zweier Stichproben	Mittelwert	t-Test	Streuung	F-Test	p-Vergleich
Test mehrerer Stichproben	Mittelwert	ANOVA	Streuung		Mehrfeldertest

Abbildung 63: Überblick über statistische Testverfahren

Im Folgenden werden die wichtigsten Testverfahren kurz erläutert – ausführliche Erklärungen bietet die Fachliteratur (siehe auch Literaturverzeichnis).

5.2.5.1 Berechnung der Vertrauensbereiche für Stichprobenkennwerte und Fehleranteile

Grundsätzlich ist hierbei das Ziel, anhand von Stichproben Aussagen über einen Prozess zu machen. Die Stichprobenkennwerte Mittelwert und Standardabweichung sind nur Schätzungen der Parameter für die unbekannte Grundgesamtheit beziehungsweise den Prozess. Aus diesem Grund ist es sinnvoll, ein Intervall zu berechnen, in dem sich die wahren Parameter des Prozesses befinden. Dieses Intervall liefert Informationen über mögliche Abweichungen der Kennwerte innerhalb des Prozesses. Für Verbesserungsmaßnahmen kann man auf diese Weise »best case«- und »worst case«-Szenarien anstellen.

Berechnung der Vertrauensintervalle für Mittelwerte

Beispiel: Gemessen wird die Dicke von Dachziegeln in Millimetern. Eine Stichprobe enthält n = 16 Messungen. Dabei ergeben sich folgende Werte:

- Mittelwert $\bar{x}$ = 22,99
- Standardabweichung s = 2,57
- Signifikanzniveau α = 0,05 (5 %)
- t = 2,131; t-Wert (aus t-Verteilung)

Frage: In welchem Bereich ist der wahre Mittelwert m der Dicke mit einer Wahrscheinlichkeit von 95 Prozent zu erwarten?

- Formel: $\bar{x} - \dfrac{t \times s}{\sqrt{n}} \leq \mu \leq \bar{x} + \dfrac{t \times s}{\sqrt{n}}$

- Berechnung:

$$22,99 - \frac{2,131 \times 2,57}{\sqrt{16}} \leq \mu \leq 22,99 + \frac{2,131 \times 2,57}{\sqrt{16}} = 21,62 \leq \mu \leq 24,36$$

Das Ergebnis besagt, dass der wahre Mittelwert μ mit einer Wahrscheinlichkeit von 95 Prozent für die Dicke der Dachziegel zwischen 21,62 mm und 24,36 mm zu erwarten ist.

Berechnung der Vertrauensintervalle für die Standardabweichung

Beispiel: Untersucht wird wieder die Messung der Dicke von Dachziegeln. Dabei ergeben sich folgende Werte:

- Standardabweichung s = 2,57
- Wert aus der tabellierten F-Verteilung für 0,05 Signifikanzniveau $F_{n-1;\infty;\alpha/2}$

Frage: In welchem Bereich ist die wahre Standardabweichung δ mit einer Wahrscheinlichkeit von 95 Prozent zu erwarten?

- Formel: $\dfrac{s}{\sqrt{F_{n-1;\infty;\alpha/2}}} \leq \delta \leq s \sqrt{F_{\infty;n-1;\alpha/2}}$

- Berechnung: $\dfrac{2,57}{\sqrt{1,83}} \leq \delta \leq 2,57\sqrt{2,40} = 1,89 \leq \alpha \leq 3,98$

Das Ergebnis besagt, dass die wahre Standardabweichung α mit einer Wahrscheinlichkeit von 95 Prozent für den Prozess zwischen 1,89 mm und 3,98 liegt.

Berechnung der Vertrauensbereiche für Prozessfähigkeitsindizes

Die Erfahrung zeigt, dass es auch sinnvoll ist, Vertrauensintervalle für Fähigkeitsindizes zu berechnen. Liegen diese nahe an der vorgegebenen Grenze, so ist wichtig zu wissen, in welchem Bereich sie streuen.

Beispiel (für Cpk-Wert): Gemessen wird wieder die Dicke von Dachziegeln in Millimetern. Die Stichprobe enthält nun n = 100 Messungen. Dabei ergeben sich folgende Werte:

- Mittelwert $\bar{x}$ = 22,66
- Standardabweichung s = 0,94
- Geschätzter Cpk-Wert aus Stichprobe $\hat{C}pk$ = 1,09
- Wert aus der tabellierten Normalverteilung für 5 % Signifikanzniveau $u_{1-\alpha}$

Frage: In welchem Bereich ist mit der Streuung der Prozessfähigkeit zu rechnen?

- Formel:

$$\hat{C}_{pk}\left(1 - u_{1-\alpha}\sqrt{\dfrac{1}{9n\hat{C}_{pk}^{\,2}} + \dfrac{1}{2(n-1)}}\right) \leq C_{pk} \leq \hat{C}_{pk}\left(1 + u_{1-\alpha}\sqrt{\dfrac{1}{9n\hat{C}_{pk}^{\,2}} + \dfrac{1}{2(n-1)}}\right)$$

- Berechnung:

$$\hat{C}_{pk}\left(1 - 1,96\sqrt{\dfrac{1}{9 \times 100\,(1,09)^2} + \dfrac{1}{198}}\right) \leq C_{pk} \leq \hat{C}_{pk}\left(1 + 196\sqrt{\dfrac{1}{9 \times 100\,(1,09)^2} + \dfrac{1}{198}}\right)$$

Vertrauensbereich: $0,85 \leq Cpk \leq 1,15$
Das Ergebnis besagt, dass die wahre Cpk-Wert zwischen 0,85 und 1,15 erwartet werden kann.

Berechnung von Vertrauensbereichen für Anteile

Beispiel: Geprüft werden 500 Dachziegel bezüglich ihrer Kennzeichnung. Dabei stellt sich heraus, dass 70 Stück nicht gekennzeichnet sind. Außerdem ergeben sich folgende Werte:

- Geschätzter Fehleranteil aus der Stichprobe $\hat{p} = 0,14$ (ergibt sich aus dem beobachteten Fehleranteil von 14 Prozent)
- Wert aus der tabellierten Normalverteilung für 0,05 Signifikanzniveau $u_{1-\alpha}$

Frage: In welchem Bereich kann man den Fehleranteil im Prozess mit einer Wahrscheinlichkeit von 95 Prozent erwarten?

- Formel: $\hat{p} \pm u_{\alpha/2} \sqrt{\dfrac{\hat{p}\,(1 - \hat{p})}{n}}$

Hinweis: Einsatz dieser Berechnung nur bei großen n, da sich die Binominalverteilung bei großen n an eine Normalverteilung annähert.

- Berechnung: $0,14 \pm 1,96 \sqrt{\dfrac{0,14\,(1 - 0,14)}{500}}$

Das Ergebnis besagt, dass der wahre Fehleranteil mit einer Wahrscheinlichkeit von 95 Prozent im Bereich zwischen 11 und 17 Prozent liegt.

5.2.5.2 Test eines Stichprobenmittelwertes gegen einen Zielwert

Auch hier wird das Testverfahren an einem Beispiel anschaulich: Ein Projektteam möchte wissen, ob die Aussage stimmt, dass der Mittelwert der Biegefähigkeit bei gelieferten Dachziegeln bei 630 N liegt. Es wird die Stichprobe aus Messungen der Biegefähigkeit von 30 Flachziegeln gezogen. Dabei ergeben sich folgende Werte:

- $n = 30$
- $\bar{x} = 653\,\text{N}$
- $s = 40,1\,\text{N}$
- $\alpha = 0,05\,(5\,\%)$

Frage: Ist der Prozess fähig, Ziegel mit einem Mittelwert von 630 N herzustellen?

Hypothesen:

- Nullhypothese: Der Mittelwert der Stichprobe ist gleich dem Mittelwert des Prozesses μ. $H_0 : \mu = 630$
- Alternativhypothese: Der Mittelwert der Stichprobe ist nicht gleich dem Mittelwert des Prozesses. $H_A : \mu \neq 630$

- Formel: $\hat{t} = \dfrac{|\bar{x} - \mu_0|}{s} \times \sqrt{n}$

Geschätzter t-Wert (Berechnung aus den Kennwerten der Stichprobe) $\hat{t}$

Die Nullhypothese wird abgelehnt, wenn der geschätzte Wert größer als der kritische Wert ist.

- Berechnung: $\hat{t} = \dfrac{|653 - 630|}{40,1} \times \sqrt{30} > t_{29;0,05;\text{zweiseitig}}$

$$3,14 > 2,045$$

Ergebnis: Der geschätzte t-Wert aus der Stichprobe ist größer als der Schrankenwert, das heißt die Nullhypothese wird zugunsten der Alternativhypothese abgelehnt. Die Abweichung zwischen Mittelwert und Zielwert gilt als statistisch nachgewiesen. Folglich muss die Aussage, der Mittelwert der Biegefähigkeit betrage 630 N, abgelehnt werden.

TIPP: Es sind auch so genannte einseitige Fragestellungen möglich, zum Beispiel: Erreicht der untersuchte Prozess einen Mittelwert von mehr / weniger als der vorgegebenen Zielgröße?

5.2.5.3 Test eines Fehleranteils gegen einen Zielwert

Beispiel: Es werden 550 Dachziegel bezüglich ihrer Kennzeichnung geprüft. Dabei stellt sich heraus, dass 286 Stück nicht gekennzeichnet sind. Vorgabe ist eine Kennzeichnung von 50 Prozent. Daraus ergeben sich folgende Werte:

- Geschätzter Anteil aus der Stichprobe $\hat{p} = 0,52$
- Zielwert des Anteils $p_0 = 0,5$

Frage: Liefert der Prozess einen Anteil von 50 Prozent gekennzeichneten Dachziegeln?

Die Berechnung erfolgt über u-Werte, da eine ausreichend große Stichprobe angenommen wird. Der Vergleich des geschätzten u-Wertes $\hat{u}$ mit dem kritischen u-Wert erfolgt aus der Normalverteilung. Die Hypothesen für den wahren Fehleranteil p lauten:

- $H_0 : \pi = 0,5$
- $H_A : \pi \neq 0,5$

- Formel: $\hat{u} = \dfrac{\hat{p} - p_0}{\sqrt{\dfrac{p_0(1 - p_0)}{n}}}$

- Berechnung: $\hat{u} = \dfrac{0,52 - 0,5}{\sqrt{\dfrac{0,5_0(1 - 0,5)}{550}}} = 0,93$

Das Ergebnis besagt, dass der geschätzte u-Wert aus der Stichprobe kleiner als der Schrankenwert von 1,96 (Normalverteilung) ist, das heißt, die Nullhypothese wird beibehalten. Mit anderen Worten: Der Prozess ist fähig, 50 Prozent gekennzeichnete Dachziegel zu liefern.

5.2.5.4 Test zweier Stichprobenmittelwerte

Hier steht das Projektteam vor folgender Fragestellung: Unterscheiden sich zwei Gruppen bezüglich ihrer Mittelwerte? Oder anders ausgedrückt: Gibt es einen Unterschied zwischen zwei Mittelwerten bei zwei unabhängigen Stichproben? Dieses Verfahren findet beispielsweise Anwendung, wenn man zwei Lieferanten, zwei Linien oder zwei unterschiedliche Produktionsverfahren miteinander vergleichen möchte. Für die Anwendung dieses Testverfahrens müssen folgende Voraussetzungen gegeben sein:

- Zwei unabhängige Stichproben,
- Normalverteilung in den Stichproben,
- Varianzen für beide Gruppen gleich.

Beispiel: Untersucht werden die Lieferungen von Dachziegeln von zwei unterschiedlichen Lieferanten. Dazu wurde jeweils die Länge von 20 Dachziegeln gemessen. Dabei ergeben sich folgende Werte:

- Lieferant 1: $\bar{x}_1 = 378$; $s_1 = 3,13$
- Lieferant 2: $\bar{x}_2 = 384$; $s_2 = 3,85$

Das Ergebnis besagt, dass Lieferant 1 eine geringere Standardabweichung als Lieferant 2 aufweist, also weniger Schwankungen in der Stichprobe der gelieferten Ware auftauchen. Je nach Anforderungen könnte dennoch Lieferant 2 besser abschneiden, sofern der höhere Mittelwert die höhere Standardabweichung überwiegt.

5.2.5.5 Untersuchung der Homogenität der Varianzen

Die Homogenität von Varianzen lässt sich mit dem Zwei-Stichproben F-Test ermitteln. Dazu werden wieder zwei Hypothesen aufgestellt:

- H_0: Die Varianzen der Stichproben sind gleich.
- H_A: Die Varianzen sind nicht gleich.

Die Nullhypothese wird abgelehnt wenn gilt: $\hat{F} > F_{krit}$. Die Nullhypothese wird angenommen, wenn gilt: : $\hat{F} \leq F_{krit}$

- Formel: $\hat{F} = \dfrac{s_1^2}{s_2^2}$ wobei die größere Varianz im Zähler stehen muss!

- Berechnung: $\hat{F} = \dfrac{14,82}{9,797} = 1,51$

Signifikanzniveau: α = 0,05
Auswertung: $F_{krit} = 2,168$

Durch den höheren kritischen f-Wert kommt man zu dem Ergebnis, die Nullhypothese anzunehmen: Die Varianzen der beiden Stichproben sind gleich.

5.2.5.6 Zwei-Stichproben t-Test unter der Annahme gleicher Varianzen

H_0: Die Lieferungen unterscheiden sich nicht, $\mu_1 = \mu_2$.
H_A: Die Lieferungen unterscheiden sich bezüglich der Mittelwerte, $\mu_1 \neq \mu_2$ (zweiseitige Fragestellung).

Berechnung der gemittelten Standardabweichung (bei gleicher Stichprobengröße):

- Formel: $s_d = \sqrt{\dfrac{s_1^2 + s_2^2}{n}}$

Berechnung des t-Wertes (zweiseitig): $\dfrac{|\bar{x}_1 - \bar{x}_2|}{s_d}$

- Formel: $\hat{t} > t_{1-\frac{\alpha}{2};f}$ bei $f = n_1\, n_2 - 2$

Auswertung (per Computer):

- Gepoolte Varianz (s_d^2):   1,23089571
- Hypothetische Differenz der Mittelwerte: 0
- Freiheitsgrade (df):   38
- t-Statistik: 5,473396302
- Kritischer t-Wert bei zweiseitigem t-Test: 2,024394234

Auswertung (für zweiseitige Fragestellung):
Der geschätzte t-Wert ist größer als der kritische t-Wert: 5,47 > 2,02. Daraufhin wird die Nullhypothese (H_0: Lieferungen unterscheiden sich nicht) zugunsten der Alternativhypothese (H_A: Lieferungen unterscheiden sich bezüglich der Mittelwerte) verworfen.

Das Ergebnis dieses Tests besagt, dass beide Lieferanten unterschiedliche Qualität an Dachziegeln liefern. Es besteht ein signifikanter Unterschied.

TIPP: Ein Vergleich von zwei Stichproben bezüglich der Mittelwerte kann auch bei ungleicher Varianz oder ungleicher Stichprobengröße erfolgen. Diese Funktion ist auch mit Excel ausführbar.

TIPP: Das oben dargestellte Vorgehen beschreibt die Anwendung bei unabhängigen oder unverbundenen Stichproben. Der Vergleich zweier abhängiger Stichproben ist auch möglich. Dabei wird dasselbe Messobjekt für die Fragestellung benutzt, also zum Beispiel: Man möchte die Gleichwertigkeit zweier Messinstrumente testen und benutzt dazu jeweils ein- und dieselben Messobjekte. In diesem Fall spricht man von abhängigen oder verbundenen Stichproben.

5.2.5.7 Test zweier oder mehrerer Stichprobenvarianzen

Will man anstelle der Mittelwerte die Varianzen von Stichproben untersuchen, so nutzt man den F-Test, wie er oben beschrieben wurde. Will man mehrere Stichproben miteinander vergleichen, verwendet man bei normalverteilten Daten den Bartlett-Test, bei anderen Verteilungen den Levene-Test (genaue Informationen finden sich in der Fachliteratur).

5.2.5.8 Vergleich zweier Stichprobenanteile

Zum Vergleich zweier Stichprobenanteile ziehen wir wieder ein Beispiel heran: Aus einer Charge von Lieferant A wurden 500 Dachziegel geprüft, 286 waren nicht gekennzeichnet. Aus der Charge von Lieferant B wurden

600 geprüft, 323 waren nicht gekennzeichnet. Als Fehleranteil ergeben sich folglich für die zwei Lieferanten folgende Werte:

- Fehleranteil A: $\hat{p}_A = \dfrac{286}{500} = 0{,}572$

- Fehleranteil B: $\hat{p}_B = \dfrac{323}{600} = 0{,}538$

Frage: Sind die Anteile der fehlerhaft gekennzeichneten Dachziegel beider Lieferanten als signifikant unterschiedlich zu betrachten?

Zur Beantwortung der Frage werden wieder zwei Hypothesen aufgestellt:

- Nullhypothese H_0: Die Differenz der fehlerhaften Anteile ist Null.
- Alternativhypothese H_A: Die Differenz ist ungleich Null.

Die Nullhypothese wird verworfen, wenn $\hat{u} > u_{krit}$. Die Nullhypothese wird angenommen, wenn $\hat{u} \leq u_{krit}$.

- Formel: $\hat{u} = \dfrac{|\hat{p}_1 - \hat{p}_2|}{\sqrt{\dfrac{\hat{p}_1(1 - \hat{p}_1)}{n_1} + \dfrac{\hat{p}_2(1 - \hat{p}_2)}{n_2}}}$

- Berechnung: $\hat{u} = \dfrac{|(0{,}572 - 0{,}538)|}{\sqrt{\dfrac{0{,}572(1-0{,}572)}{500} + \dfrac{0{,}538(1-0{,}538)}{600}}} = 1{,}13$

Kritischer Schwellenwert: 1,96

Ergebnis: Da $\hat{u}$ kleiner ist als der kritische Schwellenwert von 1,96, wird die Nullhypothese beibehalten. Die Anteile an fehlerhaften Dachziegeln können bei beiden Lieferanten als gleich groß betrachtet werden. Es besteht kein statistisch signifikanter Unterschied.

5.2.5.9 Vergleich von mehreren Stichproben

Will man nun mehrere Lieferanten, Linien oder Verfahren bezüglich der Mittelwerte oder Varianzen miteinander vergleichen, wird anstatt umständlicher Paarvergleiche mit t-Test oder F-Test, die Varianzanalyse (ANOVA Analysis

Lieferant 1	Lieferant 2	Lieferant 3	Lieferant 4	Lieferant 5
379,991	386,631	385,382	380,921	382,388
379,862	377,828	384,142	385,014	381,043
379,399	382,902	388,641	379,223	385,711
381,883	383,838	385,258	378,047	379,222
378,246	387,604	388,413	376,762	382,1
377,09	380,175	389,623	384,372	383,962
376,308	380,615	390,512	386,264	383,047
376,019	379,265	389,908	389,812	389,552
383,804	390,948	377,941	385,896	386,159
373,702	386,508	374,773	384,381	386,17

Abbildung 64: Datensatz von fünf Lieferanten

of Variance) herangezogen. Im Rahmen dieses Buches wird nur auf die *einfache Varianzanalyse* eingegangen. Anstelle paarweiser Mittelwertsvergleiche wird die Varianz zwischen den Stichproben mit der Varianz innerhalb der Stichproben verglichen.

Für dieses Testverfahren müssen folgende Voraussetzungen erfüllt sein:

- Es müssen unabhängige Stichproben vorliegen.
- Die Varianzen müssen gleich sein.

Beispiel: Es sollen fünf Lieferanten von Dachziegeln miteinander verglichen werden. Gemessen wird die Länge von jeweils zehn Ziegeln. Abbildung 64 zeigt den gesamten Datensatz dieser Stichprobe.

Frage: Gibt es einen Unterschied zwischen den fünf Lieferanten bezüglich der Länge ihrer Dachziegel?

Zur Beantwortung dieser Frage werden wieder Nullhypothese und Alternativhypothese aufgestellt:

- H_0: Die Mittelwerte sind gleich oder die Streuung zwischen den Gruppen ist gleich der Streuung innerhalb der Gruppen.
- H_A: Mindestens ein Stichprobenmittelwert unterscheidet sich.

Die *Streuung innerhalb der Gruppen* gibt an, wie sehr die einzelnen Werte in den Gruppen um den jeweiligen Gruppenmittelwert streuen. Für alle Gruppen zusammen lässt sich die Streuung innerhalb der Gruppen (Quadratsumme innerhalb der Gruppen) folgendermaßen berechnen:

$$QS_{innerhalb} = \sum_{i=1}^{k} (N_i - 1) \times s_i^2$$

QS: Quadratsumme
k: Anzahl der Gruppen
N_i: Anzahl der Daten innerhalb der i-ten Gruppe
s_i^2: Varianz der Daten der i-ten Gruppe
Für die Lieferanten aus dem Beispiel ergibt sich:

$$QS_{innerhalb} = 763,8$$

Die Streuung zwischen den Gruppen misst die Streuung der Gruppenmittelwerte um den Mittelwert der gesamten Stichprobe.

$$QS_{zwischen} = \sum_{i=1}^{k} N_i \, (\bar{x}_i - \bar{x})^2$$

$\bar{x}_i$ = Mittelwert der i-ten Gruppe
$\bar{x}$ = Mittelwert der Gesamtstichprobe
Für die Lieferanten ergibt sich:

$$QS_{zwischen} = 274,12$$

Aus einem Vergleich der $QS_{innerhalb}$ mit der $QS_{zwischen}$ lassen sich nun Rückschlüsse auf die Mittelwerte der Grundgesamtheit der jeweiligen Lieferanten ziehen. Ist zum Beispiel die Streuung der Länge der Dachziegel innerhalb der Lieferanten gleich null, während gleichzeitig eine große Streuung zwischen den Lieferanten vorliegt, ist dies gleichbedeutend damit, dass die einzelnen Lieferanten sehr unterschiedliche Mittelwerte aufweisen, innerhalb der jeweiligen Angebote der Lieferanten sind jedoch alle Werte gleich. In einem solchen Fall ist es sehr wahrscheinlich, dass sich die Mittelwertunterschiede nicht zufällig ergeben haben, sondern auf Mittelwertunterschiede in der Grundgesamtheit zurückzuführen sind.

Für die Lieferanten in diesem Beispiel würde dies bedeuten, dass sich die Dachziegel der einzelnen Lieferanten in ihrer Länge unterscheiden und somit unterschiedliche Qualitäten bezogen auf eine vorgegebene Spezifikationsangabe geliefert werden.

Durchführung der Varianzanalyse – Berechnung des kritischen F-Wertes

Bei einer Varianzanalyse werden zur Berechnung des kritischen F-Wertes die beiden Quadratsummen miteinander verglichen und ein Quotient aus ihnen gebildet. Bei der Bildung des Quotienten werden zusätzlich die Freiheitsgrade $k-1$ für $QS_{zwischen}$ und $N-k$ für $QS_{innerhalb}$ berücksichtigt. Auf diese Weise wird die Maßzahl $\hat{F}$ berechnet.

- der kritischer F-Wert liegt bei 95 Prozent
- Signifikanzniveau: 2,5787

  Die Nullhypothese wird verworfen, wenn $\hat{F}$ größer als der kritische F-Wert ist, und angenommen, wenn $\hat{F}$ gleich groß oder kleiner als der kritische F-Wert ist.

- Formel:
$$\hat{F} = \frac{\dfrac{QS_{zwischen}}{k-1}}{\dfrac{QS_{innerhalb}}{N-k}}$$

Für die Lieferanten aus dem Beispiel ergibt sich:

- Berechnung:
$$\hat{F} = \frac{\dfrac{274,12}{4}}{\dfrac{763,8}{45}} = 4,038$$

Im Beispiel der Lieferanten muss die Nullhypothese zugunsten der Alternativhypothese verworfen werden. Dies bedeutet, dass sich mindestens ein Lieferant signifikant von den anderen bezüglich des Mittelwertes (Länge der Dachziegel) unterscheidet. Anders ausgedrückt: Die Lieferanten liefern – bezogen auf das Merkmal Länge – signifikant unterschiedliche Dachziegel.

Für die Six-Sigma-Projektarbeit liefert eine derartige Analyse Hinweise auf mögliche Ursachen des Problems. Die Lieferanten bieten unterschiedliche Qualität. Diese Unterschiede können in der weiteren Verarbeitung und beim Endprodukt die Qualität erheblich beeinträchtigen.

5.2.5.10 Vergleich von mehreren Stichproben – Analyse kategorialer Daten

Will man mehrere kategoriale Häufigkeiten miteinander vergleichen, setzt man den Homogenitätstest ein. Man vergleicht die beobachteten Häufigkeiten mit den erwarteten Häufigkeiten. Gibt es keinen Unterschied, kann man davon ausgehen, dass es auch keinen Unterschied in den Merkmalsklassen gibt. Dazu werden die Erwartungswerte für jede Klasse gebildet, danach die quadrierte Abweichung und mit der kritischen Prüfgröße $\chi 2$ verglichen.

Beispiel: Es wird der Ausschuss (500 Stück) an Dachziegeln von drei Linien untersucht werden. Abbildung 65 zeigt die dabei beobachteten Häufigkeiten jeder Linie.

Linie	fehlerhaft	fehlerlos	Gesamt
Linie A	34	112	146
Linie B	29	106	135
Linie C	56	163	219
Summe	119	381	500

Abbildung 65: Tabelle der beobachteten Häufigkeiten

Frage: Gibt es einen signifikanten Unterschied in den Fehleranteilen der drei Linien?

Zur Beantwortung werden folgende Hypothesen aufgestellt:

- H_0: Die beobachteten Häufigkeiten sind gleich der erwarteten Häufigkeiten.
- H_A: Die beobachteten Häufigkeiten unterscheiden sich von den erwarteten Häufigkeiten.

Die Nullhypothese wird verworfen, wenn $\hat{\chi}^2 > \chi^2_{krit}$. Die Nullhypothese wird nicht verworfen, wenn $\hat{\chi}^2 \leq \chi^2_{krit}$.

1. Schritt: Berechnung der Erwartungswerte, wenn es keine Unterschiede in den Häufigkeiten gibt.

• Formel: $\dfrac{\text{(Randhäufigkeit Zeile)} \times \text{(Randhäufigkeit Spalte)}}{\text{Gesamthäufigkeit}}$

Linie	fehlerhaft	fehlerlos	Gesamt
Linie A	34,748	111,252	146
Linie B	32,13	102,87	135
Linie C	52,122	166,878	219
Summe	119	381	500

Abbildung 66: Tabelle der Erwartungswerte

2. Schritt: Ermittlung der Prüfgröße

$$\chi^2 = \sum \frac{(\text{beobachteter Wert} - \text{erwarteter Wert})^2}{\text{erwarteter Wert}}$$

Linie	fehlerhaft	fehlerlos	Gesamt
Linie A	0,0161018	0,0050292	0,0211309
Linie B	0,3049144	0,0952357	0,4001501
Linie C	0,2885324	0,090119	0,3786514
Summe	0,6095485	0,1903839	0,7999325

Abbildung 67: Tabelle der Prüfgrößen

Ergebnis:

• Testgröße $\hat{\chi}^2 = 0,7999325$
• χ^2_{krit} $= 5,99147636$

Da die Testgröße kleiner ist als die kritische Größe, wird die Nullhypothese beibehalten. Es gibt keinen signifikanten Unterschied in den Häufigkeiten. Man kann davon ausgehen, dass die Fehlerraten gleich häufig verteilt sind.

5.2.5.11 Weiterführende Methoden zur Überprüfung von Zusammenhängen

Eine weitere Art der statistischen Überprüfung von Zusammenhängen zwischen Variablen sind Korrelations- und Regressionsberechnungen. Mithilfe von Korrelationsberechnungen lässt sich aufzeigen, wie stark der Zusammenhang zwischen zwei oder mehreren Variablen ist. Bei Regressionsanalysen quantifiziert man den Zusammenhang und im Zuge der Phase »Analysieren« kann man Ursachen und Wirkungszusammenhänge aufzeigen.

Wenn man die Einflussvariablen, also die Ursachen für das Problem, kontrollieren kann und diese im Zusammenhang mit der Output-Variablen stehen, lässt sich damit auch das Prozessergebnis kontrollieren. Im Gegensatz zu den oben beschriebenen statistischen Testverfahren, werden bei Korrelations- und Regressionsanalysen zwei Gruppen kontinuierlicher Messwerte benötigt. Messwerte lassen sich auf diese Weise vorhersagen. In unserem Beispiel mit den Dachziegeln besteht bei der Produktion ein funktionaler Zusammenhang zwischen der Temperatur des Brennofens und der Biegefestigkeit der Dachziegel. Der Faktor Temperatur korreliert folglich mit dem Faktor Biegefestigkeit.

Mit der multiplen Regressionsanalyse lassen sich auch Zusammenhänge zwischen mehreren Variablen feststellen.

5.3 Daten interpretieren – Stimmt die Hypothese?

Die Herausforderung der Phase »Analysieren« ist, Ergebnisse aus der Prozessanalyse und den statistischen Testverfahren im Hinblick auf die Zielstellung des Six Sigma-Projekts richtig zu deuten. So ist es zweckmäßig, einen Abgleich mit den am Anfang des Projekts aufgenommenen Hypothesen zu machen. Selbstverständlich können im Laufe des Projekts neue Ursachen dazu gekommen sein. Die Auswahl sollte sich deshalb auf die Ausgangsproblematik fokussieren. Möglicherweise haben sich Erkenntnisse ergeben, die nicht direkt mit der Fragestellung zu tun haben. Diese soll man nicht vergessen, sondern für mögliche Nachfolgeprojekte dokumentieren. Auf diese Weise gehen mögliche neue Aspekte nicht verloren, dennoch wird vermieden, von der ursprünglichen Richtung zu sehr abzuweichen.

Wichtig ist an dieser Stelle auch, die Prozessexperten zur Diskussion über die verifizierten Hypothesen hinzuzuziehen. Die Konzentration auf ein oder zwei Hauptursachen ist im Hinblick auf die Umsetzung einer Verbesserung des Prozesses meist sinnvoller, als viele kleine Ursachen auf einmal beseitigen zu wollen.

Bei der Vorstellung der einzelnen Testverfahren wurde bereits ein Einblick vermittelt, wie die Interpretation der Testergebnisse im Einzelfall aussehen kann. Durch das Aufstellen von Null- und Alternativhypothesen sind an vielen Stellen die Interpretationsmöglichkeiten bereits vorgegeben. Als generelle Richtlinie lässt sich also nochmals festhalten, dass die ursprüngliche Auswahl des Testverfahrens ja bereits mit einem bestimmten Ziel (Was genau will ich untersuchen?) getroffen wurde. Die Orientierung an dieser Richtlinie ist von grundlegender Bedeutung für das Erstellen einer aussagekräftigen Interpretation. Mindestens genauso wichtig ist die Genauigkeit und Sorgfalt, mit der die Stichproben erhoben und die Ergebnisse berechnet werden. Handeln die Teammitglieder hier leichtsinnig oder nachlässig, dann kann die Interpretation der Daten nur falsch sein.

Wie die Interpretation im Einzelfall aussieht, hängt natürlich vom untersuchten Prozess, der Messmethode, der Qualität der erhobenen Daten, dem Testverfahren und den daraus resultierenden Ergebnissen ab. An dieser Stelle des Projektes wird daher deutlich, dass es besonders für Neulinge in Six Sigma sehr hilfreich und von entscheidender Bedeutung sein kann, mit einem Six Sigma-Experten zusammenzuarbeiten.

Mit dem Interpretieren der Daten wird die dritte Phase des Six Sigma-Prozesses, das Analysieren, abgeschlossen. Auf den nun gewonnenen Erkenntnissen, verifizierten beziehungsweise falsifizierten Hypothesen, baut der nächste Schritt, das Verbessern, auf. Bevor es in die Phase »Verbesserung« geht, sollen mit den Fallstricken bei der Analyse, dem Werkzeugkasten und der Checkliste noch einmal die Besonderheiten dieses Schrittes betont werden.

5.4 Fallstricke bei der Analyse

- Aufwand und Ertrag beim Einsatz sowie die Anzahl der Werkzeuge und Methoden sollten bei der Analyse kritisch hinterfragt werden. Nicht der Einsatz möglichst vieler Werkzeuge, sondern die Aussagekraft des einzelnen Werkzeugs ist das entscheidende Kriterium. Eine erkannte Ursache muss nicht zweimal mit verschiedenen Methoden überprüft werden.
- Man sollte nicht die Werkzeuge, die Ursachen visualisieren, unterschätzen: Bilder können viele Aspekte gleichzeitig darstellen und besitzen daher eine

hohe, komprimierte Aussagekraft. Sie können somit das Vorankommen in der Analysephase erheblich erleichtern.

• Mit den Hypothesentests sollte das Team kritisch und sehr genau umgehen. Sind die jeweiligen Voraussetzungen nicht erfüllt, kommt es zu falschen Ergebnissen, die erhebliche Auswirkungen auf den Erfolg des Projekts haben. Die Projektmitarbeiter sollten auch nicht dem Prinzip der sich selbst erfüllenden Prophezeiung verfallen: Nicht die erstbeste Hypothese nehmen, sondern jede einzelne Hypothese kritisch – auch im Hinblick auf ihren Kundennutzen – hinterfragen! Gerade in der Phase, in der es darum geht, die Ursachen auszuschließen, ist das ganze Team gefragt. Es muss sich auf das eigentliche Problem besinnen und sich nicht unnötig mit Ursachen für andere Probleme aufhalten. Tauchen andere Probleme auf, sollte man diese notieren, damit sie nicht übergangen werden, und zu einem späteren Zeitpunkt weiterverfolgen.

• Eine gründliche Dokumentation dieser Phase ist sehr wichtig. Die Zusammenstellung eines Berichtes sollte alle potenziellen Ursachen beinhalten sowie eine Erklärung, warum sie wichtig sind und für das Verbesserungsprojekt in Betracht kommen. Protokolliert werden müssen auch die angewandten Methoden mit entsprechendem Datenmaterial und dessen Auswertungen. In den weiteren Phasen »Verbessern« und »Kontrollieren« muss man unter Umständen wieder auf dieses Material zurückgreifen können. Außerdem macht eine saubere Dokumentation das Six Sigma-Projekt auch zu einem späteren Zeitpunkt noch nachvollziehbar.

5.5 Werkzeugkasten: Formulare, Karten und Diagramme für die Analysephase

Als Tools zur Prozessanalyse dienen die Berechnung

• der Prozessleistung,
• der Bestände,
• der Kapazität beziehungsweise Auslastung,
• der Prozesskosten,
• und die Schnittstellenanalyse (Komplexität).

Die Visualisierung von Häufigkeiten und Streuungen erfolgt mithilfe verschiedener Diagramme. Am wichtigsten sind:

- Histogramme,
- Streudiagramme,
- Box-Plots,
- Multi-Vari-Diagramme,
- Pareto-Diagramme und
- Ishikawa-Diagramme.

Als zentrales Element der Analyse dienen sämtliche Hypothesentests:

- Berechnung der Vertrauensintervalle für Mittelwerte, Varianzen und Prozesskennzahlen (cpk),
- F-Tests (Bartlett- oder Levene-Tests) zur Berechnung von Varianzen,
- t-Tests (Mittelwert-Tests),
- ANOVA als Mittelwert-Test für mehrere Stichproben sowie
- der Mehrfeldertest (CHi^2).

5.6 Checkliste »Analyse«

1. Alle relevanten Messergebnisse sind vorhanden und auf ihre Vertrauenswürdigkeit überprüft.

2. Die Visualisierungen aus vorgehenden Phasen liegen vor.

3. Ein detailliertes Prozessflussdiagramm wurde aufgenommen und mit Prozessexperten verifiziert.

4. Die Prozessschritte wurden bezüglich ihrer Wertschöpfung untersucht.

5. Die Ursachenanalyse und -identifikation für lange Durchlaufzeiten, hohe Bestände, lange Rüstzeiten, schlechte Kapazität, lange Materialflüsse, komplexes Layout und so weiter sind erstellt.

6. Die Kosten für die aktuelle Prozessleistung sind quantifiziert, Kostentreiber identifiziert.

7. Kundentakt und Kapazität sind berechnet, Engpässe (bottlenecks) sind identifiziert.

8. Die Ursachenanalyse ist durch die Darstellung des Datenmaterials (Histogramme, Box-Plots, Streudiagramme) erfolgt.

9. Schichtungen und Multi-Vari-Diagramme sind durchgeführt.

10. Die Ursachenanalyse durch statistische Testverfahren (je nach Fragestellung) ist durchgeführt.

11. Die Ergebnisse der Analysephase sind mit dem Projektteam diskutiert.

12. Sämtliche Werkzeuge und Methoden sind dokumentiert.

13. Der Projektleiter hat den Status des Projekts bezüglich Meilensteine und Kosten überprüft und dokumentiert.

14. Die Probleme und Erfahrungen sind dokumentiert.

15. Der Auftraggeber ist über den Projektfortschritt informiert.

6 Die Verbesserung: Die richtige Lösung für das richtige Problem

Die Ziele der Phase »Verbesserung« sind, mögliche Lösungen für die ermittelten Ursachen zu generieren, bezüglich ihrer Wirkung zu bewerten und die Vorbereitung sowie Umsetzung der Lösung durchzuführen. Als Unterstützung kommen hier kreative Methoden zur Lösungssuche zum Einsatz. Das

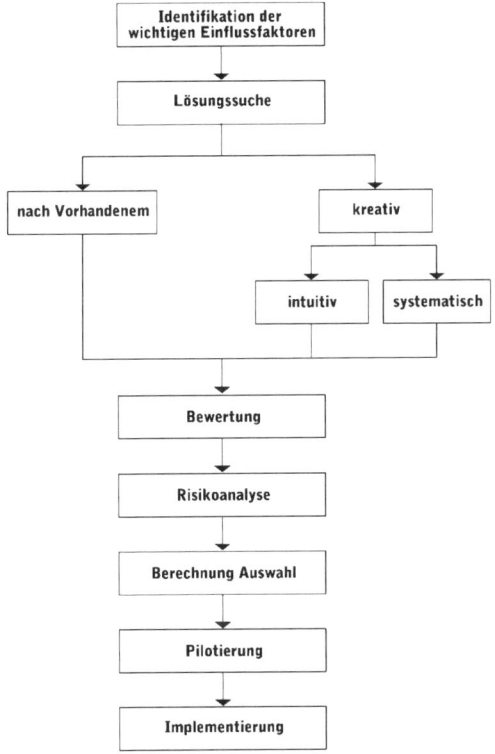

Abbildung 68: Ablauf der Lösungssuche und Implementierung

Projektteam strukturiert und bewertet die gesamten Lösungsideen und führt Kosten-Nutzen-Analysen durch. Vor der Implementierung sollte es die bevorzugten Lösungen simulieren. Auf diese Weise lassen sich wahrscheinliche Ergebnisse prognostizieren. Es geht darum, in dieser Phase die Implementierungsrisiken zu identifizieren und sich gegebenenfalls präventive Maßnahmen zu überlegen und vorzubereiten. Dann setzt das Projektteam Piloten (Vorabversuche) ein, um die Lösung umzusetzen. Aufgrund von Messungen aus dem Piloten ermittelt es den Grad der Verbesserungen. Anschließend plant es die vollständige Implementierung der Lösung.

EXKURS: Veränderungen im Unternehmen

Die Umsetzung der Lösungen für das Problem, das man behandelt hat, bedeutet immer auch Änderungen in den Prozessen des Unternehmens. Meistens muss man diese Änderungen den Mitarbeitern erst schmackhaft machen. Hier sollte man projektbezogenes Change Management betreiben.

Change Management oder Veränderungsmanagement beinhaltet die systematische Planung, Steuerung und Kontrolle von Veränderungen. Faktoren, die bei einem Änderungsprozess berücksichtigt werden müssen, sind neben formalen Aspekten der Planung – alles, was in den Bereich Projektmanagement und Controlling eingeht – der Umgang mit Widerständen bezüglich der Veränderung, die Verbesserung interner Kommunikation und der Erhalt der Motivation.

Wie geht eine Verhaltensänderung aus psychologischer Sicht vor sich? Grundsätzlich kann man sagen, dass eine Änderung von lange gepflegtem Verhalten nicht auf Befehl, sondern nur durch Erarbeitung bewirkt werden kann. Hierbei gibt es vier Schritte, die befolgt werden sollten:

1. Schaffen Sie Transparenz und vermitteln Sie Wissen.
2. Schaffen Sie ein Problembewusstsein.
3. Bewirken Sie damit langsam eine Änderung der Einstellung und
4. ändern Sie dadurch auch das Verhalten im Unternehmen.

Mit welcher Art von Widerständen im Unternehmen kann man es zu tun bekommen? Es gibt vier verschiedene Charaktere von Widerständen: kognitive, ideologische, machtgetriebene und psychologische.

- Kognitiver Widerstand: Der Mitarbeiter akzeptiert die präsentierte Lösung als nicht richtig (»Das kann ja gar nicht funktionieren!«).
- Ideologischer Widerstand: Mitarbeiter, die befürchten, dass sich durch eine Veränderung des Prozesses auch das gesamte Unternehmen und seine

Strategie verändert – besonders beziehen sich die Befürchtungen auf grundsätzliche Entscheidungen des Managements.

- Machtgetriebener Widerstand: Diese Art liegt vor, wenn Mitarbeiter ihre Position oder Karrierechancen innerhalb des Unternehmens durch eine Veränderung gefährdet sehen und deshalb gegen eine Veränderung sind.
- Psychologischer Widerstand: Der Mitarbeiter hat grundsätzlich Angst vor jeder Form von Veränderungen, unabhängig von Umfang und Konsequenzen.

Was kann das Unternehmen beziehungsweise das Projektteam tun, um Widerstände zu vermeiden? Die Widerstände, egal welchen Typs, kann es vermeiden, indem es Transparenz schafft, Informationen und die Gründe vermittelt, die zu dieser Änderung führen – also das Six Sigma-Projekt präsentiert. Die Teammitglieder können die Konsequenzen und Kosten darlegen, wenn keine Veränderung vorgenommen wird, die Unzufriedenheit mit der aktuellen Situation aufzeigen und damit den Handlungsbedarf herausarbeiten. Die Argumentation sollte allein auf der Sachebene erfolgen – transparent, klar und nachvollziehbar. Die Darstellungsform der Veränderung sollte dagegen bewusst engagiert und positiv gewählt sein: Mitarbeiter, die diesen Veränderungsprozess unterstützen und die Veränderungen mittragen – das bezieht sich vor allem auf die machtgetriebenen Widerstände – sollten gefördert werden. Das Projektteam muss die Vorzüge und den Nutzen der Veränderungen für den Einzelnen darlegen und – was ganz wichtig ist – erste und schnelle Erfolge im Veränderungsprozess hervorheben. Das ist gerade bei Six Sigma-Projekten wichtig. Auch deshalb muss das Projekt zeitlich überschaubar bleiben.

Warum scheitern Veränderungen häufig? Einer Befragung von kanadischen und US-amerikanischen Managern zufolge sind 82 Prozent der Meinung, dass organisatorische Widerstände die Veränderungen verhinderten; 66 Prozent meinten, dass die Erwartungen unrealistisch seien; 60 Prozent gaben ineffizientem Projektmanagement die Schuld. Für Six Sigma-Projekte bedeutet das, dass man sich nicht nur auf Ursachenforschung und die Lösung konzentrieren darf, sondern dass man auch genauso viel Aufwand für die Implementierung und die Kontrolle der Verbesserungen betreiben muss. Die Daten und Fakten nützen nichts, wenn das Projekt letztlich am unternehmensinternen Widerstand scheitert.

Als Gründe, warum Veränderungen – und damit auch Six Sigma-Projekte – so oft scheitern, lassen sich folgende nennen: Veränderungen werden häufig nicht in eine Strategie eingebunden. Sie werden als fixes Datum und nicht als Prozess angesehen. Losgelöst von der Strategie eines Unternehmens sind aber alle Projekte auf lange Sicht zum Scheitern verurteilt. Und gerade die nachhaltige Orientierung von Six Sigma ist auf Langfristigkeit ausgerichtet: Weniger Fehler, zufriedenere Kunden und mehr Profit erreicht man nicht von heute auf morgen.

Außerdem mangelt es oft an Unterstützung – gerade auch im Management. Bei Six Sigma-Projekten ist es wichtig, dass der Auftraggeber aus der Geschäftsführung das Projekt vorantreibt und unterstützt. Zwei Dinge, die man mit konsequent zu Ende geführten Six Sigma-Projekten gut vermeiden kann, sind ein zu kurzer zeitlicher Horizont der Veränderungen, sprich: der Rückfall in die alte Gangart, und das Versäumnis, Veränderungsresultate messbar zu machen – oder erst gar nicht zu messen. Diese beiden Aspekte sind mit einer konsequenten Kontrolle der Prozessverbesserung über eine längere Zeit hinweg – wie sie Teil von Six Sigma ist – ausschaltbar.

6.1 Relevante Daten für die Lösungsfindung

Der Projektleiter muss die Projekterkenntnisse aus den vorangegangenen Phasen möglichst in Form einer mit Daten und Fakten belegbaren Ursache-Wirkungs-Darstellung für die Mitglieder im Team aufbereiten. Diese sollte mit einer ersten Zusammenstellung der wichtigsten Einflussfaktoren ergänzt werden. Diese Zusammenstellung dient bei der Lösungssuche dann als Leitfaden, der immer wieder zur Orientierung herangezogen werden sollte.

Zunächst sollten technische Anforderungen vonseiten der internen wie auch externen Kunden im Bezug auf Qualität, produktspezifische oder normenspezifische Anforderungen dokumentiert werden. Weitere Einflussfaktoren sind die wirtschaftlichen Prozess- oder Produktanforderungen, beispielsweise wie groß das Risiko bei der Implementierung der Lösung ist, wie groß die Verlust- und Gewinnwahrscheinlichkeiten sind und wie innovativ der Lösungsansatz ist. Je neuer er ist, je höher der Innovationsgrad, desto besser für das Unternehmen.

Die dritte Gruppe wichtiger Einflussfaktoren besteht aus organisatorischen Anforderungen: Hier muss sich das Projektteam überlegen, wann die Lösung in welcher Form vorliegen muss, wie groß die Ressourcen (Menschen, Maschinen) für die Umsetzung sein werden und welche Kompetenzen im Unternehmen bestehen, die Lösung zu entwickeln und einzuführen. An dieser Stelle muss auch der Auftraggeber wieder stark eingebunden werden, weil hier möglicherweise langfristig gravierende Änderungen entwickelt werden.

6.2 Lösungen im Projektteam entwickeln

Die Entwicklung von möglichen Lösungswegen verlangt die Experten im Projektteam, die beurteilen können, ob die vorgeschlagenen Verbesserungen umsetzbar und sinnvoll sind. Grundsätzliche Empfehlung zur Lösungsentwicklung ist ein Hinterfragen des Ist-Zustandes. Die Fragen, die in dieser Phase gestellt werden, sind oft sehr projektspezifisch; sie können wie folgt aussehen:

- Muss vor dem Fräsen wirklich eine 100-Prozent-Prüfung durchgeführt werden?
- Warum müssen zu diesem Vorgang zwei Kopien angefertigt werden?
- Ist der Prozessschritt Polieren wirklich nötig, oder kann auf ihn verzichtet werden?

Diesen spezifischen Fragen sollten Leitfragen, die sich generell mit der Neugestaltung von Prozessen auseinander setzen, zugrunde liegen. Hier sollte man Leitgedanken haben wie:

- die Reduktion von Schnittstellen,
- die Möglichkeit paralleler Durchführung von Schritten,
- der gleichmäßige Materialfluss durch den Prozess, um Bottlenecks zu vermeiden,
- den Fokus auf die Kunden legen,
- die Gestaltung der Prozesse in Zusammenarbeit mit den Anwendern sowie den Kunden und Lieferanten.

Haben die Mitglieder des Projektteams diese Leitgedanken verinnerlicht, geht es an die Generierung der Lösung. Wie geht man dabei vor? Dem Projektteam stehen zur Entwicklung der Lösungsmöglichkeiten unterschiedliche Werkzeuge zur Verfügung. Diese lassen sich durch zwei Ansätze unterscheiden: Man kann zunächst nach schon vorhandenen Lösungen suchen. Dies können Lösungen sein, wie der Einsatz eines im Unternehmen bereits vorhandenen Software-Programms. Zu den vorhandenen Lösungen gehören auch käufliche Lösungen, zum Beispiel der Implementierung von Prozesssteuerungs-Systemen. Und schließlich ergeben sich Lösungen aus Literatur oder Wettbewerb: Dafür schaut sich das Projektteam auf dem Markt um und analysiert, welche Lösungen es bereits gibt.

Der zweite Ansatz löst sich von den vorhandenen Lösungen und beschreibt die kreative Suche nach neuen Lösungen, wobei man sowohl intuitiv wie auch systematisch vorgehen kann. Zu den Methoden, die die Lösungssuche intuitiv betreiben, gehören: Brainstorming, Mindmaps, 6-3-5-Methode und die Sechs Denkenden Hüte. Systematische Methoden sind der Morphologische Kasten, die Scamper-Methode oder der Ansatz Poka Yoke.

Als Vorgehensweise hat sich in der Praxis auch hier die Form eines Workshops bewährt. Der Projektleiter hat die Aufgabe, vorab die geeignete Methode auszusuchen. Für die Lösungssuche im Produktionsbereich eignen sich die Suche nach bereits vorhandenen Lösungen sowie die systematischen Methoden, weil dort die Grenzen von Lösungen enger gefasst sind. Bei administrativen Prozessen ist der Einsatz der intuitiven Methode sehr gut geeignet.

Zum Vorgehen bei der Lösungsentwicklung lässt sich vereinfacht sagen: Erlaubt ist zu Beginn alles, es gibt noch keine richtigen und falschen Lösungen. Man macht den Trichter auf und lässt alle Lösungsmöglichkeiten hineinfallen, die man im Team generiert hat. Erst dann ist es das Ziel, die besten Lösungsansätze zu finden.

6.2.1 Methoden der kreativen und systematischen Lösungssuche

Grundsätzlich ist der Sinn von Kreativitätstechniken, dass man auf schnelle Art und Weise alle möglichen Lösungsideen der Projektteilnehmer sammelt. Der Moderator geht bei diesen Projektsitzungen wie folgt vor: Er erklärt den Teilnehmern die Methode, warum die Kreativitätstechniken eingesetzt werden und zu welchem generellen Ziel sie führen sollen. Die Zielvorgabe ergibt sich aus der Phase »Analysieren«, zum Beispiel: »Die Reparaturen an Werkzeugen soll effizienter werden.« Nachdem die Phase der Lösungssuche abgeschlossen ist, sollte der Projektleiter die Lösungen schriftlich dokumentieren. Hierfür bieten sich eine Metaplanwand oder ein Flipchart an.

In diesem Kapitel wird nur eine Auswahl an Kreativitätstechniken, die bei Six Sigma häufiger zum Einsatz kommen, vorgestellt. Hier ist zunächst das Brainstorming zu nennen, entweder mit Zurufen an den Moderator, der die vorgeschlagenen Lösungen notiert, oder – weitaus sinnvoller – die Projektteilnehmer schreiben ihre Lösungen auf Wortkarten, die dann an der Wand aufgehängt und anschließend kategorisiert oder geclustert werden. Nach der Diskussion im Team mit den Experten kann man die Lösungsvorschläge mit Punkten bewerten und so ein Ranking anlegen.

Die 6-3-5-Methode: Sechs Teilnehmer, jeder Teilnehmer darf drei Ideen auf ein Blatt Papier schreiben, das Formular reicht er an seinen Nachbarn weiter, der dann wiederum darauf drei Lösungen notiert. Er wird durch die Ideen seiner Kollegen zu neuen Lösungen angeregt. Dieser Vorgang wird fünfmal wiederholt – so lange, bis jeder wieder sein Papier vor sich liegen hat. Die Lösungsideen werden für alle ersichtlich aufbereitet. Es dauert länger, bis die ganzen Ideen gesichtet sind. Im Anschluss gewichtet man sie, beispielsweise so, wie beim Brainstorming kurz beschrieben.

Als weiterer interessanter Ansatz ist die Synektik-Methode zu nennen. Sie ist eine systematische Verfremdung des Problems – mit dem Ziel, auf folgende Weise neue Lösungsansätze zu generieren: Das Projektteam versucht, Analogien beispielsweise aus Natur, Technik und Soziologie zu finden. Beispiel (aus Knieß, *Kreatives Arbeiten*): Ein Unternehmen soll einen neuen Antennenmast entwickeln, der 25 Meter hoch sein und sich in ein Paket verpacken lassen muss. In der Sitzung wurde dem Projektteam die Aufgabe gestellt, die Teilnehmer sollten alle 25 Meter hohen Gegenstände aufschreiben, die ihnen einfallen. Unter anderem hat ein Teilnehmer Dinosaurier aufgeführt. Diese Analogie wurde auf das Grundproblem übertragen. Das Team hat sich in einem Museum ein Dinosaurier-Skelett angesehen und hat den Antennenmast so gestaltet, dass er aus ringförmigen Teilantennen besteht, die ineinander steckbar sind – analog zur Wirbelsäule des Dinosauriers.

Ein weiteres Werkzeug ist die Bionik: eine direkte Übertragung von Systemen oder Strukturen aus der Natur auf verwertbare technische Lösungen. Im Unterschied zur Synektik geht man nicht über Verfremdungen, sondern sucht Vergleiche direkt in der Natur. Beispiel: Lotus-Effekt bei Gebäudefarben – abwaschbare, schmutzabweisende Farben nach dem Vorbild der Lotusblume.

Die beiden letztgenannten Methoden finden ihre Anwendung hauptsächlich in der Entwicklung von neuen Produkten. Auch wenn sie nicht direkt bei der Lösungssuche angewandt werden, sollte man die Idee der Suche nach Analogien aus verschiedenen Bereichen im Gedächtnis behalten.

Will man vorhandene offensichtliche Lösungsideen noch einmal mit Pro und Contra diskutieren, eignet sich die Methode der Sechs Denkenden Hüte: Es gibt sechs unterschiedliche Denkweisen, denen jeweils ein Hut mit einer anderen Farbe zugeordnet wird. Die einzelnen Hüte beschreiben folgende Denkweisen: ein Hut sucht neutrale Informationen und Fakten (neutraler Hut), während ein zweiter Gefühle und Ahnungen formuliert (empfindsamer Hut). Ein dritter Hut ist der Bedenkenträger, der Einwände und Gefahren formuliert. Der vierte Hut ist der Optimist, der alles in einem positiven Licht sieht, Vorteile und positive Auswirkungen aufzeigt, aber das Negative nicht sieht. Der fünfte Hut ist innovativ, er entwickelt zusätzliche Ideen und Alternativen. Der sechste Hut fasst schließlich alles immer wieder zusammen, er fungiert als Moderator. Man begrenzt die Zeit für die Diskussion der Hüte

Merkmale	Ausprägungen					
Personal	alle Mitarbeiter	1	Team	2	Einzelperson	3
Umsetzung	im gesamten Unternehmen	4	Task Force	5	Pilotprojekt	6
Qualifikation	intern	7	extern	8	Learning by doing	9
Beratung	keine	10	kurzfristig	11	langfristig	12

Abbildung 69: Morphologischer Kasten »Einführung von Six Sigma in KMU«

beispielsweise auf fünf Minuten, danach wechseln sie den Besitzer. Jeder Teilnehmer ist gezwungen, sich die Denkweise, die ihm auferlegt wurde, zu Eigen zu machen und entsprechend zu argumentieren. Die übrigen Projektteilnehmer beziehungsweise der Projektleiter schreiben die Argumente – kategorisiert nach Hüten – mit. Die Sechs Denkenden Hüte stellen eine gesteuerte Diskussion mit Supervision dar.

Alternativ zur eher intuitiven Methode ist die Anwendung von Methoden, die mit Systematik an die Suche herangehen. Voraussetzung ist, dass mögliche Lösungen schon relativ genau spezifiziert sind. Die Lösungsansätze werden in Komponenten aufgeteilt, mit dem Ziel, den bestmöglichen Ansatz zu ermitteln. Der Morphologische Kasten ist hierfür ein weitverbreitetes Beispiel. Er findet beispielsweise bei der Verbesserung von Produkten Anwendung, da er sehr gut mit den Anforderungen der Kunden verbunden werden kann. Um einen Morphologischen Kasten erstellen zu können, muss man schon bestimmte Lösungsvarianten vorliegen beziehungsweise erarbeitet haben. Er hilft dann, die Mach- und Brauchbarkeit der Ansätze zu bewerten und entsprechend eine Auswahl zu treffen. Zur Vorbereitung wird das Problem oder die Aufgabe genau analysiert und in seine/ihre Bestandteile oder Merkmale zerlegt. Das Team ermittelt die möglichen Ausprägungen für die einzelnen Merkmale und analysiert die Alternativen, die sich durch die Kombination der einzelnen Merkmale ergeben.

Abbildung 69 zeigt eine mögliche Anwendung des Morphologischen Kastens zur Einführung von Six Sigma in KMU. Hier steht das Projektteam vor der Aufgabe, einen Weg zu finden, wie man Six Sigma im Unternehmen einführen kann. Dazu notiert man sämtliche Parameter (Merkmale) in einer Tabelle untereinander. Rechts davon schreibt man sich die unterschiedlichen Ausprägungen auf. Daraus ergibt sich eine Matrix, mit der sich unterschiedliche Lösungen zusammenstellen lassen. Dazu werden die Nummern der unterschiedlichen Varianten markiert oder notiert. Daraus ergeben sich schließlich unterschiedliche Lösungsansätze oder Alternativen, beispielsweise etwa »2, 6, 8, 11« für die Einführung durch ein Team, mit einem Pilotprojekt, wobei die Qualifikation von extern kommt und kurzfristig Beratung in Anspruch genommen wird.

Die Scamper-Methode steuert die Lösungsfindung mit Fragen und nicht mit Parametern. Die Methode besteht aus sieben Leitfragen und ermöglicht so ein strukturiertes Vorgehen zur Entwicklung neuer Lösungen:

1. Substitute (ersetzen): Welches Verfahren lässt sich anstelle des aktuellen einsetzen?
2. Combine (kombinieren): Lassen sich Prozesse oder einzelne Prozessschritte kombinieren?
3. Adapt (übernehmen): Welche Prozesse lassen sich übernehmen, die bereits im Unternehmen vorhanden sind?
4. Modify (verändern): Wie lassen sich aktuelle Prozesse oder Produkte modifizieren?
5. Put to use (nutzbar machen): Wie können Lösungen für andere Dinge nutzbar gemacht werden?
6. Eliminate (weglassen/auslassen): Was kann weggelassen werden, was will der Kunde überhaupt nicht?
7. Reverse (umkehren): Was ist das Gegenteil der vorgeschlagenen Lösung?

Ein weiterer Lösungsansatz ist das Prinzip Poka Yoke (japanischer Begriff für: gegen Fehler absichern). Es ist eine preiswerte und einfache Methode, die verhindert, dass ein Fehler gemacht werden kann, in Form einer eigenständigen 100-Prozent-Kontrolle: Sie erfasst nur unnormale Situationen und reagiert entsprechend. Beispiel: Mit einer großen Sägemaschine lässt sich nur sägen, wenn der Bediener beide Hände auf den Tasten oder Hebeln hat – das verhindert Unfälle. In der Fertigung passen zwei Kontakte nur auf eine bestimmte Art und Weise zusammen, so sind falsche Anschlüsse ausgeschlossen. Hier unterscheidet man drei verschiedene Mechanismen: Detektionsmechanismus (alle Formen von Sensoren in Sensorsystemen), Auslösemechanismus (Kontaktmethoden, fehlender Kontakt am Sensor) und Reaktionsmechanismus. Ausprägungen des Reaktionsmechanismus sind die Eingriffsmethode (Maschine schaltet einfach ab oder blockiert), die Alarmmethode (alles rund um das Thema optische oder akustische Signale) oder die Reguliermethode (direkte Korrektur durch das System selber). Den Gedanken, Prozesse gegen Fehler abzusichern, kann das Projektteam auch in die Lösungssuche integrieren.

Die hier vorgestellten Methoden sind nur eine kleine Auswahl an Techniken zur Suche von Lösungen. Wichtig ist im ersten Schritt, sich keine Grenzen in der Lösungssuche zu setzen. Lösungen, die sich im Verlauf der Projektarbeit schon ergeben haben, sollten an dieser Stelle miteinbezogen werden. Das Team darf aber nicht den Fehler machen, sich bei der Suche von Anfang an auf die erstbesten Lösungen zu fokussieren. Die Lösungssuche setzt Teamarbeit voraus. Von vielen möglichen und unmöglichen Lösungen arbeitet man sich schrittweise zu der vor, die zum angestrebten Ziel führt. Die Auswahl der richtigen Lösungen erfolgt dann im nächsten Schritt.

6.2.2 Lösungen auswählen, bewerten und absichern

Im nächsten Schritt geht es nun daran, die richtigen Lösungen auszuwählen. Die Einflussfaktoren, die bei der Lösungsauswahl einbezogen werden sollten, sind:

- Kundenrelevanz,
- Erfahrungen mit vergleichbaren Lösungen,
- Dringlichkeit,
- Neuigkeitsgrad der Lösung,
- Kosten,
- Korrekturmöglichkeit und
- Komplexität des Prozesses.

Die Alternativen, also die verschiedenen Lösungsansätze, werden bezüglich dieser Faktoren bewertet, ihr Risiko wird abgeschätzt und schließlich wird eine Entscheidung getroffen. Dabei muss die Bewertung nachvollziehbar gestaltet sein, die Entscheidung sollte möglichst objektiv herbeigeführt werden und es müssen Werkzeuge eingesetzt werden, die die Entscheidungssicherheit erhöhen.

Welche Verfahren gibt es, um eine Lösungsauswahl beziehungsweise -bewertung zu treffen? Einfache Methoden und Werkzeuge sind beispielsweise eine einfache Punktebewertung, eine Checkliste sowie Vorteil-Nachteil-Vergleiche. Die Einführung von kostspieligen und aufwändigen Lösungen sollte mit komplexeren Methoden hinsichtlich Risiko und Kosten-Nutzen-Relation untersucht werden. Sie unterscheiden sich von den einfachen Methoden vor allem durch Umfang, Dauer und Aufwand, da sie von einer gewichteten Punktebewertung über eine Portfolio-Bewertung, Entscheidungsanalyse, Kosten-Nutzen-Analyse, Risikoanalyse bis hin zu einer Simulation, einem Versuch oder zu einer Nutzwertanalyse gehen.

Einfache Methoden sind beispielsweise Auswahl- oder Checklisten sowie Bewertungen über Ausschlusskriterien. Das Team erstellt eine Anforderungsliste der Kriterien, die in der Lösung enthalten sein müssen, und analysiert die Lösungen hinsichtlich dieser Kriterien. Sie werden dabei einfach mit »Ja« oder »Nein« bewertet. Wenn ein Lösungskriterium nicht erfüllt wird, wird diese Lösung nicht mehr betrachtet (siehe Abbildung 70).

	Forderung erfüllt	realisierbar	Aufwand zulässig
Anforderungen			
A	ja	ja	**nein**
B	ja	ja	ja
C	**nein**	ja	**nein**
D	ja	ja	ja
F	ja	ja	ja
G	ja	ja	ja

Abbildung 70: Auswahlliste

Eine weitere Möglichkeit ist der Vorher-Nachher-Vergleich (siehe Abbildung 71): Das Team sammelt die Vor- und Nachteile der einzelnen Lösungen und bildet die Summe der Vor- und Nachteile. Die Lösung mit den quantitativ meisten Vorteilen ist die favorisierte.

Bei der Bewertung mit Punkten legt das Team wiederum Kriterien fest. Diese werden nun gewichtet, sodass die Eigenschaften der Lösungsvarianten hinsichtlich ihrer Bedeutung eine zusätzliche Wertung erhalten. Nach der Analyse der einzelnen Kriterien werden diese mit Punkten bewertet (etwa mit einer Skala von 1 bis 5). Diese Punkte werden mit dem jeweiligen

	per Mail		mit Post	
Kriterien	**Vorteil**	**Nachteil**	**Vorteil**	**Nachteil**
Schnelligkeit	schneller			langsamer
Sicherheit		nicht so sicher	relativ sicher	
Kosten	günstiger			höher

Abbildung 71: Vorher-Nachher-Vergleich »Versand von Dokumenten«

Gewicht des Kriteriums multipliziert und für jede Variante wird eine Gesamtpunktzahl aufaddiert. Die Lösung mit den meisten Punkten ist schließlich der Favorit.

Kriterium	Wertung	per e-Mail (Punkte × Wertung)	per Post (Punkte × Wertung)	per Kurier (Punkte × Wertung)
Schnelligkeit	3	5 (15)	1 (3)	3 (9)
Sicherheit	2	3 (6)	4 (8)	4 (8)
Kosten	3	5 (15)	3 (9)	1 (3)
Summe		**36**	**20**	**20**

Abbildung 72: Punktebewertung »Versand von Dokumenten«

Bei der Portfolio-Bewertung werden die Kunden einbezogen. Die Lösungsalternativen werden dafür zunächst nummeriert. In einem zweidimensionalen Diagramm notiert man auf der Y-Achse die Kundenrelevanz (gering – mittel – hoch) und auf der X-Achse den Aufwand nach Tag, Woche, Monat und Jahr. Jetzt clustert das Team die Erfolgswahrscheinlichkeit in hoch, mittel und gering und ordnet die Lösungsalternativen in diese Matrix ein. Damit erhält die Matrix eine dritte Dimension. So lässt sich beispielsweise vorhersagen, dass die Erfolgswahrscheinlichkeit einer bestimmten Lösung hoch ist, ihr Aufwand bei etwa einer Woche liegt und die Kundenrelevanz ebenfalls hoch ist (siehe Abbildung 73, Lösungsalternative 1). Das wäre dann eine Lösung, die zu favorisieren wäre, im Gegensatz zu einer Lösung, deren Erfolgswahrscheinlichkeit und Kundenrelevanz mittel sind und die sich nur nach Monaten integrieren lässt.

Zu den aufwändigeren Methoden gehört die Erstellung einer Kosten-Nutzen-Analyse. Dazu erfasst man in einer Tabelle die Lösungsmaßnahmen und ergänzt ihr Potenzial (Nutzen) sowie die Investitionen, die für diese Alternative notwendig sind (Kosten). Die Lösung mit der besten Kosten-Nutzen-Relation wird gewählt. Die Berechnung der Relation ist weniger das Problem, als vielmehr die objektive Analyse und realistische Prognose eines möglichen beziehungsweise erwarteten Nutzwertes.

Zu den umfangreicheren Methoden gehören alle Anwendungen, die auch das Risiko der neuen Lösung absichern. Warum ist eine Risikoanalyse in der

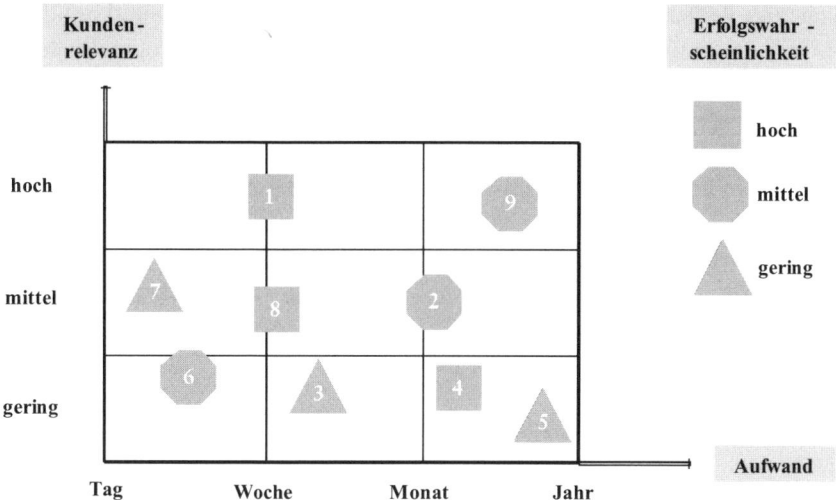

Abbildung 73: Portfolio-Bewertung

Verbesserungsphase sinnvoll? Anhand einer solchen Analyse werden frühzeitig einige Risiken der Lösung deutlich gemacht – und nicht erst nach der Implementierung. Diese Risiken lassen sich unter Nutzung des gesamten Expertenwissens noch einmal bearbeiten, im besten Fall beheben. Um die Risiken zu identifizieren, kann man sich folgende Fragen stellen:

- Enthält die Projektdokumentation wie das Ishikawa-Diagramm bereits Ursachen für Risiken?
- Welche Kurzzeit- und Langzeit-Effekte können auftreten?
- Enthalten die Lösungen Risiken, die andere Felder und Kundenfelder betreffen können?
- Gibt es neue oder verstärkte Risiken an Schnittstellen?
- Reagiert die neue Lösung empfindlicher auf Schwankungen des Inputs – beispielsweise des Materials?
- Gibt es Varianten, die mit der neuen Lösung nicht mehr herzustellen sind?

Eine Möglichkeit bietet der Einsatz einer FMEA (siehe Variablenauswahl in Kapitel 4.1). Hier wird sie auch ihrem ursprünglichen Zweck entsprechend zur Risikoanalyse eingesetzt. Ziel ist das Vorwegnehmen von möglichen Fehlern vor der Implementierung der Lösung. Die infrage kommenden Lösungen werden vom Projektteam hinsichtlich ihrer fehlerrelevanten Komponenten strukturiert. Potenzielle Fehler und Fehlerfolgen werden aufgelistet, hinsichtlich ihrer Bedeutung bewertet, mögliche Ursachen festgehalten und bezüglich ihrer Auftretenswahrscheinlichkeit bewertet. Verfügbare Kontrollmaßnahmen bewertet das Projektteam hinsichtlich ihrer Effizienz und listet abschließend die empfohlenen Maßnahmen zur Verhütung beziehungsweise die Prüfmaßnahmen zu deren Entdeckung auf.

Hat das Projektteam die Lösung für das Problem gefunden, muss es diese im nächsten Schritt umsetzen. Vorab sollte eine Rücksprache mit dem Auftraggeber beziehungsweise der Geschäftführung stattfinden. Dort sollte das Team die Lösung vorstellen, die dann einvernehmlich von allen beschlossen wird.

6.3 Lösung implementieren

Die Implementierung der Verbesserung muss detailliert geplant werden. In die Planung müssen dabei die anstehenden Aufgaben, die Kosten, die Ressourcen, alle möglichen Beteiligten beziehungsweise Betroffenen, eine Zeitplanung in Form von Meilensteinen sowie Teambesprechungen, in denen der Stand der Implementierung besprochen wird, miteinbezogen werden.

Die Teammitglieder müssen die Flussdiagramme für die neuen Prozesse erstellen, die Arbeitsanweisungen passend zum Prozess aktualisieren, die Datensammelblätter mit dem Ziel anlegen, in der Kontrollphase gleich die richtigen Daten zu sammeln, um den Prozess gegebenenfalls noch einmal verbessern zu können. Die Prozessbeteiligten müssen über Neuerungen im Ablauf informiert und gegebenenfalls geschult werden. Es ist sinnvoll, erst einmal im begrenzten und überschaubaren Rahmen die Verbesserung zu implementieren – in Form eines Pilottests. Nach einem solchen Test sollte das Projektteam eine Revision vornehmen und die ersten Ergebnisse kritisch betrachten. Erzielt dieser Test dann die angestrebten Ergebnisse, kann die Lösung im Gesamtprozess des Unternehmens eingeführt werden.

6.3.1 Werkzeuge zur Implementierung

Der Maßnahmen- und Implementierungsplan, der sämtliche notwendigen Aktionen für die Umsetzung beinhaltet, sowie die Vorbereitungen, die dafür nötig sind, müssen klar strukturiert und eindeutig aufgeführt werden. Ebenso wichtig ist zu dokumentieren, wer wofür zuständig ist und bis wann (Zieltermine).

Der Maßnahmen- und Implementierungsplan muss mit allen Prozessbeteiligten und dem Auftraggeber beziehungsweise dem Management abgesprochen werden. Weiterhin sollten in der Planung die Budgets (Kostenaufstellung) und die Ressourcen (Personal und Maschinen) eingeschlossen sein. Abbildung 74 zeigt einen beispielhaften Maßnahmen- und Implementierungsplan.

Zum Projektmanagement der Lösungsimplementierung lässt sich auch ein Gantt-Chart einsetzen, das die Aufgaben im zeitlichen Ablauf und in ihren zeitlichen Abhängigkeiten darstellt. Die einzelnen Aufgaben werden chronologisch untereinander aufgelistet, der jeweilige Zeitbedarf für den Schritt wird geschätzt und dann im Diagramm festgehalten. Erstellen lassen sich solche Diagramme gut mit Software für Projektmanagement.

Zum Einsatz kann darüber hinaus auch das Flussdiagramm kommen, um die Abläufe für die Implementierung darzustellen und den Projektbeteiligten Aufgaben zuzuordnen. Alle Verantwortlichkeiten und Ansprechpartner müssen allen Beteiligten bekannt sein. Ebenso muss das Unternehmen seine Kunden und Lieferanten – soweit sie davon betroffen sind – über die Veränderungen informieren, damit sie sich auf den neuen Prozess einstellen können. Nur so wird Transparenz geschaffen beziehungsweise gewahrt und nur so lassen sich mögliche Kapazitätsprobleme rechtzeitig feststellen und beheben.

Vor der Implementierung muss das Projektteam einen Budgetplan erstellen. Im Rahmen des Projektmanagements sollte das Team kurze Meetings ansetzen, um zu kontrollieren, wie der Stand der Implementierung ist (Kontrollsitzungen). Auf zeitliche Verzögerungen können die Mitglieder somit zeitnah reagieren.

Damit das Projektteam die gefundene Lösung erfolgreich in den Unternehmensprozess implementieren kann, ist auch eine Schulung bezüglich der geänderten Prozessschritte, des Vorgehens und der neuen Arbeitsanweisungen der davon betroffenen Mitarbeiter notwendig.

Nr.	Aktion	Um-setzung	Prio-rität	Verant-wortlich	Termin	Res-sourcen	Kosten	Erledigt	Probleme
1	Erstellen einheitlicher Formulare	in Excel	3	XY	06.09.04	Herr Z	xxx	ja	
2	Einweisung Mitarbeiter	Termin festlegen	2	XY	10.09.04	Mit-arbeiter	xxx		Einheitli-cher Termin
		Einladung	2			Trainer			
		Schulung vorbereiten	1						

Abbildung 74: Maßnahmen- und Implementierungsplan

	Aufgabe	Anfang	Ende	Dauer/ Tag	20.04.	21.04.	22.04.	23.04.	24.04.	25.04.	26.04.
1	A	20.04.2001	21.04.2001	2							
2	B	22.04.2001	24.04.2001	3							
3	C	22.04.2001	26.04.2001	5							

Abbildung 75: Gantt-Chart

In Kapitel 6 wurde die Verbesserungsphase recht knapp beschrieben. Ursache hierfür ist, dass einzelne Implementierungen verbesserter Prozesse in der Praxis sehr unterschiedlich aussehen. Reicht manchmal bereits eine kleine Änderung in einem administrativen Prozess, um die gesamte Abwicklung erheblich zu vereinfachen und damit schneller und effektiver zu gestalten, so ist in anderen Fällen ein hoher technischer und/oder finanzieller Aufwand nötig, um eine kleine, dennoch lohnende Veränderung bewirken zu können. Da es also keinen Musterfahrplan für die Verbesserungsphase gibt, ist es an dieser Stelle ausreichend, die theoretischen Möglichkeiten zu kennen und für die eigene Situation zu übersetzen. Übersetzen bedeutet in diesem Zusammenhang, das auszusuchen, was zu einer bestimmten Situation passt, und es entsprechend einzusetzen und zu nutzen.

Bevor in Kapitel 7 die letzte Phase von Six Sigma, die Kontrolle, vorgestellt wird, werden abschließend die Besonderheiten der Verbesserungsphase nochmals in den Abschnitten »Fallstricke«, »Werkzeugkasten« und »Checkliste« betont.

6.4 Fallstricke im Verbesserungsprozess

- Bestehende Vorbehalte gegen Änderungen seitens der Mitarbeiter können die Implementierung der Verbesserung gefährden. Der Projektleiter beziehungsweise das Management hat hier in den meisten Fällen nicht ausreichend kommuniziert, dass die Veränderung im Prozess notwendig ist und welche Gründe dafür ausschlaggebend sind.
- Gefährlich ist auch, Lösungsmöglichkeiten zu bevorzugen, die offensichtlich auf der Hand liegen, und nicht nach besseren Alternativen zu suchen. Das Risiko für verschiedene Lösungsalternativen wird oft nicht intensiv genug untersucht.
- Ein weiterer Fallstrick ist, dass die Lösung trotz negativer Ergebnisse in den Piloten implementiert wird, weil das Team das Projekt zu Ende brin-

gen möchte und nicht mehr bereit ist, einen Schritt zur Lösungssuche zurückzugehen. Ist das Ergebnis des Piloten negativ, besteht die Gefahr, dass man nicht mehr in die Analysephase zurückgeht und dort versucht, eine alternative Lösung zu finden.

- Ein weiteres Risiko besteht darin, den Implementierungsplan nicht detailliert genug aufzustellen und es aufgrund mangelnder oder falscher Informationen zu Fehlern kommen zu lassen. Ein letzter Fallstrick, der hier hervorgehoben werden soll, entsteht durch die zeitliche Begrenzung des Projekts: Ist der Zeitrahmen zu eng, kommt die sorgfältige Planung und Vorbereitung der Implementierung zu kurz und wird womöglich vernachlässigt.

6.5 Werkzeugkasten: Karten, Formulare und Diagramme für den Verbesserungsprozess

Zur Lösungsentwicklung werden Kreativitätstechniken wie Brainstorming, 6-3-5-Methode, Sechs Denkende Hüte, Scamper, Morphologischer Kasten, Synektik und Bionik eingesetzt.

Zur Lösungsbewertung und -absicherung kommen FMEA-Analyse, Kosten-Nutzen-Analyse, Entscheidungsanalyse, Portfolio-Bewertung, Vorher-Nachher-Vergleich, Punktebewertung und/oder Nutzwertanalyse zum Einsatz, mit denen die vorgeschlagene Lösung durchgerechnet und auf ihren tatsächlichen Nutzen hin analysiert wird.

Zur Lösungseinführung dienen Pilotierung, Implementierungsplan, Gantt-Chart, Flussdiagramme, Baumdiagramme, Budgetierungspläne, Arbeitsanweisungen sowie Prozessfähigkeitsberechnungen für den Piloten, mit denen die Implementierung geplant wird, sodass sie im Anschluss daran kontrolliert erfolgen kann.

6.6 Checkliste »Verbesserung«

1. Die wichtigsten Einflussfaktoren (Grenzen) für die Lösungssuche sind festgehalten.

2. Der Projektleiter hat Methoden zur Lösungssuche gemäß der Problemstellung ausgewählt.

3. Die Lösungsalternativen sind im Team ausgewählt.

4. Die Bewertung der Lösung auf Basis einer Kosten-Nutzen-Analyse ist erfolgt.

5. Die Bewertung der Lösung auf Basis einer Risikoanalyse ist erfolgt.

6. Der Auftraggeber kennt den aktuellen Projektstatus und hat die Lösungen freigegeben.

7. Die Projektimplementierung ist detailliert geplant (Zeit, Kosten, Personal, Organisation, Verantwortlichkeiten).

8. Die Lösungspilotierung und/oder der Vorabtest sind geplant.

9. Die Pilotierung ist durchgeführt.

10. Die Vorschläge für sofortige, möglichst einfache und mit geringen Kosten verbundene Verbesserungen sind herausgestellt.

11. Die Ergebnisse der Verbesserungsphase sind mit dem Projektteam diskutiert.

12. Sämtliche Werkzeuge und Methoden sind dokumentiert.

13. Der Projektleiter hat den Status des Projekts bezüglich der Meilensteine und Kosten überprüft und dokumentiert.

14. Die Probleme und Erfahrungen sind dokumentiert.

15. Der Auftraggeber ist über den Projektfortschritt informiert.

7 Die Kontrolle: Ziel ist der langfristige Erfolg

Die Phase »Kontrolle« bildet den Abschluss in der Six Sigma-Systematik. Zu Beginn dieser letzten Phase steht die Planung und Implementierung eines Kontrollsystems, um die Verbesserung sicherzustellen. Dabei kommen Werkzeuge zum Einsatz, mit denen sich eine Verschlechterung des Prozesses sofort erkennen lässt. Am besten eignen sich sowohl für Produktions- als auch für administrative Prozesse Tools aus der statistischen Prozesslenkung (SPC = statistical process control). In Kapitel 4, das die Phase »Messen« beschreibt, wurden folgende Kontrollsysteme bereits eingehend behandelt: das Kennzahlensystem zur Messung der Prozessfähigkeit, Prozessfähigkeitsindizes und Qualitätsregelkarten sowie Prozess-Scorecards – also Hilfsmittel zur Steuerung des Prozesses.

Das Projektteam entwickelt in dieser Phase für den Process Owner – also für denjenigen, der für den Prozess zuständig ist – ein maßgeschneidertes Überwachungswerkzeug. Aus allen denkbaren Möglichkeiten muss das Team dem Prozess angemessene Werkzeuge auswählen und für diese einen Plan zusammenstellen, der die Kontrollverfahren und -abläufe beschreibt. Die Kontrollmechanismen müssen für die ausgewählten Prozessbeteiligten nachvollziehbar sein und darüber hinaus Möglichkeiten bieten, auf Abweichungen zu reagieren – diese Pläne müssen also Handlungsalternativen vorgeben.

Nach der Implementierung des Kontrollsystems im Prozess, erfolgt die Messung des Prozesses. Hierbei soll die Verbesserung im Hinblick auf das Projektziel nachgewiesen werden. Die Verbesserung wird in Kosten (siehe festgesetztes Einsparpotenzial im Projektauftrag) quantifiziert und durch das Controlling bestätigt.

Zum Abschluss des Projekts werden die Ergebnisse der einzelnen Phasen, der Einsatz der Werkzeuge und die neu gewonnenen Erfahrungen dokumentiert. Das Ziel ist, Informationen für andere Verbesserungsaktivitäten bereit-

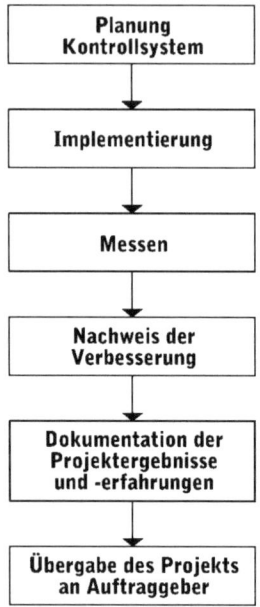

Abbildung 76: Ablauf der Kontrollphase

zustellen beziehungsweise sie als Grundlage für neue Projekte, die sich aus dieser Verbesserung ergeben können, aufzubereiten.

Abschließend übergibt der Projektleiter – meist im Rahmen einer Präsentation der Ergebnisse – das fertige Projekt an den Auftraggeber (Sponsor).

Abbildung 76 zeigt schematisch den Ablauf der Kontrollphase. Im Folgenden werden die einzelnen Schritte näher betrachtet.

7.1 Planung eines Kontrollsystems

Das Ziel der Implementierung von Werkzeugen zur Prozesslenkung ist, die durch das Six Sigma-Projekt entstandene Verbesserung des Prozesses langfristig zu sichern. Falls es in veränderten Prozessabläufen zu ungewünschten Abweichungen kommen sollte, muss dies möglichst frühzeitig in der Prozesskontrolle erkannt werden, um rechtzeitig eingreifen zu können. Dabei sollten folgende Kriterien in die Überlegungen miteinbezogen werden:

• Wo sind die entscheidenden Stellen im Prozess, an denen das Kontrollsystem ansetzen (messen) muss?

- Welche Messgrößen gibt es? Liegen dazu Spezifikationsgrenzen vor?
- Welche Werkzeuge lassen sich anwenden?
- Wie sieht die Umsetzung bezüglich Umfang und Ressourcen aus?
- Wie lassen sich die Kontrollinstrumente in ein möglicherweise vorhandenes übergeordnetes Kennzahlensystem beziehungsweise in das Qualitätsmanagementsystem einfügen?

Als geeignete Werkzeuge stellen sich in der Praxis häufig der Einsatz einer entsprechenden Qualitätsregelkarte (in Produktions- wie auch in Geschäftsprozessen) sowie die Kontrolle aussagekräftiger Kennzahlen, die bereits in der Definitionsphase erarbeitet wurden, heraus. Zum einen schließt sich an dieser Stelle der Kreis zum Start des Six Sigma-Projekts, zum anderen bedarf es damit keiner aufwändigen Vorbereitungen oder gar Schulungen für das Erheben der Kontrollwerte, da die Mess- und Auswertungsmethoden vertraut sind.

Eine Auswahl an Regelkarten und Kenngrößen wurde bereits in Kapitel 4 vorgestellt. In der Praxis haben sich Kenngrößen wie Liefertreue, First Pass Yield, Prozessfähigkeitswerte wie Cpk und natürlich das Process Sigma bewährt. Das Projektteam entscheidet, welche Kennzahlen oder Regelkarten eine sinnvolle Überwachung gewährleisten. Im Auge behalten sollte man auch mögliche zusätzliche Belastungen der Ressourcen (Mitarbeiter) und die Komplexität bei der Erhebung – das Verhältnis von Aufwand und Aussagekraft (Nutzwert) muss stimmen.

Im ersten Schritt wird im neuen Prozess mithilfe des neu erstellten Flussdiagramms gearbeitet, um geeignete Messpunkte zu erhalten. Je nach Messpunkt ergeben sich daraus die zu messenden Parameter und die Datenart. Von entscheidender Bedeutung für das rechtzeitige und sinnvolle Ergreifen von Maßnahmen bei Abweichungen im Prozess ist eine regelmäßige Erfassung von Prozessen und Ist-Werten. Deshalb sollte sich das Projektteam

Messpunkt im Prozess	Messgröße	Werkzeug	Intervall	Stichprobengröße	Verantwortlich Messung	Darstellung	Verantwortlich Auswertung	Maßnahmen bei Abweichung	Weiterleitung an
Ende Versand	Anzahl Dokumente	Strichliste	jeden Tag		Mitarbeiter X	Verlaufdiagramm	Mitarbeiter Y	Klärung Kapazität	Mitarbeiter Z

Abbildung 77: Implementierungsplan für das Kontrollsystem

Gedanken machen, in welchen Zeitintervallen Kontrolldaten erhoben werden müssen. In Fertigungsprozessen mit hoher Stückzahl eignen sich laufende Messungen aus dem Prozess heraus, wogegen sich bei Geschäftsprozessen Messungen in größeren Intervallen nicht vermeiden lassen.

In Absprache mit dem Auftraggeber und der Unternehmensführung müssen Mitarbeiter gewählt werden, die verantwortlich sind für die sachgemäße Durchführung der Kontrolle, zum Beispiel Aufnahme der Daten oder Pflege von Datenbanken. Abbildung 77 zeigt beispielhaft einen Implementierungsplan für ein Kontrollsystem, der die wichtigsten Eckdaten enthält.

7.1.1 Einsatz von Qualitätsregelkarten und Kennzahlen

Eine Methode, um die Überwachung zu gewährleisten, ist die statistische Prozesslenkung (SPC). Sie ermöglicht eine Bewertung, Regelung und kontinuierliche Überwachung von Prozessen und basiert auf statistischen Grundlagen. Werkzeuge dieser statistischen Prozesslenkung sind vor allem Prozessfähigkeitskennwerte und Qualitätsregelkarten, die bereits in der Phase »Messen« zum Einsatz gekommen sind.

Die Regeln zur Anwendung gelten selbstverständlich auch beim Einsatz im Rahmen der statistischen Prozesslenkung. Der Unterschied liegt in der kontinuierlichen Anwendung. Hat man in der Phase »Messen« die Werkzeuge zur Messung und Darstellung der Ist-Prozessleistung eingesetzt, werden beim Einsatz im Sinne einer statistischen Prozesslenkung die Werkzeuge im festgelegten Umfang kontinuierlich zur Überwachung des Prozesses eingesetzt.

7.1.1.1 Einsatz von SPC bei administrativen Prozessen

Der Hauptvorteil von statistischer Prozesslenkung liegt darin, dass es sich um bewährte Instrumente handelt, die allgemein im Qualitätsmanagement gültig und bekannt sind. Ihr Einsatz ermöglicht eine monetäre Bewertung der Prozesse, und damit rückt der oftmals entscheidende Faktor Kosten ins Blickfeld. Außerdem werden voreilige »Feuerwehraktionen« durch Zahlen und Fakten vermieden.

Nicht unterschlagen darf man allerdings die Probleme: Schwierigkeiten bereiten die oftmals niedrigen Stückzahlen und somit die geringe Menge an Daten, die sich bei administrativen Prozessen ergeben. Abweichungen im Prozess werden deshalb erst in größeren Zeiträumen sichtbar, sprich: der

Zeitbedarf kann für aussagekräftige Kontrollwerte um ein Vielfaches höher liegen, als bei Produktionsprozessen. Hinzu kommt, dass die Verteilung von Messgrößen wie Durchlauf- oder Lieferzeiten selten den Kriterien der Normalverteilung folgen. Dadurch wird der Einsatz von Qualitätsregelkarten oder anderen statistischen Verfahren komplexer als in Produktionsprozessen.

Beim Berechnen von Prozessfähigkeitskennzahlen wie Sigma oder Cpk-Werten benötigt man Spezifikationsgrenzen, die meist nur indirekt durch den Kunden vorgegeben sind.

TIPP: Sind keine genauen Spezifikationsgrenzen vorgegeben, können die Anforderungen der Kunden aus der Definitionsphase weiterhelfen, ebenso wie Vergleiche mit anderen Unternehmen oder Prozessexperten.

Auch das kennzahlenorientierte Herangehen bereitet den Mitarbeitern in administrativen Prozessen oft Schwierigkeiten. Ein Umgang mit Messgrößen in ihrem Bereich ist selten und kann daher zu Unverständnis führen. Diese Barrieren gilt es durch Information und Training der Mitarbeiter zu durchbrechen.

7.1.2 Zusätzliche Werkzeuge zur Bewertung von Prozessen

In Ergänzung zur statistischen Prozesslenkung kann man Werkzeuge wie die Selbstbewertung oder Audits zur Bewertung des Prozesses einsetzen. Um die Nachhaltigkeit der Verbesserungen sicherzustellen, befragen die Teammitglieder die unmittelbar am Prozessgeschehen Beteiligten. Diese Interviews liefern Hinweise, ob der verbesserte Prozess den Vorgaben gemäß abläuft. Grundsätzlich erreichen diese Bewertungen aber nicht den gleichen Grad der Objektivität wie kennzahlengestützte Bewertungen.

Selbstbewertungen helfen, Aussagen über die Wirksamkeit und Effizienz des Prozesses zu machen. Sie lassen sich schnell und mit relativ geringem Aufwand durchführen. In der EN ISO 9004:2000 Anhang A befindet sich ein Leitfaden zur Durchführung von Selbstbewertungen. Die Leistung der Prozesse kann mithilfe des dort dargestellten Reifegradmodells bestimmt werden. Die Kriterien des Fragenkatalogs können als Anleitung zur Erstellung einer Checkliste für den neu implementierten Prozess dienen. Inhalt der Fragen sollten die Kenntnisse der Mitarbeiter bezüglich der neuen Vorgehensweisen und Arbeitsanweisungen sowie deren Umsetzung im neuen Prozess behandeln. Sind die Anweisungen verständlich? Werden sie umgesetzt oder

haben sich veränderte Abläufe eingeschlichen? Gibt es Verbesserungsvorschläge vonseiten der Mitarbeiter? Fragen dieser Art sollten dabei berücksichtigt werden.

7.1.3 Die Darstellung der Daten

Wie schon in den anderen Phasen kommt auch bei der Kontrolle der Darstellung der Messergebnisse der Prozessleistung eine wichtige Bedeutung zu. Das
Projektteam muss festlegen, mit welchen Formen der Darstellung die Kontrolle am effektivsten analysiert werden kann. Am hilfreichsten ist hierbei der
Prozessbericht, der in regelmäßigen, festgelegten Abständen aus den Auswertungen der Prozessmessungen zusammengestellt wird. Ein wichtiges Kriterium ist auch hier eine grafische Darstellung, die nicht nur für Sachkundige
oder Insider verständliche Aussagen zum derzeitigen Leistungsstand und der
Entwicklung in der Vergangenheit macht. Abweichungen vom Soll müssen
möglichst offensichtlich erkennbar sein. Die Analyse der Daten und Darstellungen bezüglich des Zustandes des Prozesses muss durch Prozessexperten
erfolgen, die die jeweiligen Werkzeuge interpretieren können. Zum Abschluss
dieses Schrittes sollte eine Bewertung der Prozessleistung erfolgen.

TIPP: Soll die Bewertung im Team von Verantwortlichen erfolgen, kann das
Projektteam die regelmäßige Durchführung von Sitzungen zur Analyse der Prozessleistung vorschlagen.

Die Prozesskontrolle sollte in ein übergeordnetes Berichtwesen integriert
sein. Je nach Kennzahlensystem des Unternehmens müssen die Kennzahlen
aus dem Prozess in dieses System integriert werden. Die Informationen sollten zwar dem ganzen Unternehmen zur Verfügung stehen, doch muss dies in
enger Absprache mit dem Prozessverantwortlichen beziehungsweise dem
Management geschehen.

7.1.4 Der Umgang mit Abweichungen

Damit die Prozessverantwortlichen bei festgestellten Abweichungen im Prozess angemessen reagieren können, müssen vonseiten des Projektteams spezifische Maßnahmen festgelegt werden, die bei Abweichungen dieser Art zu

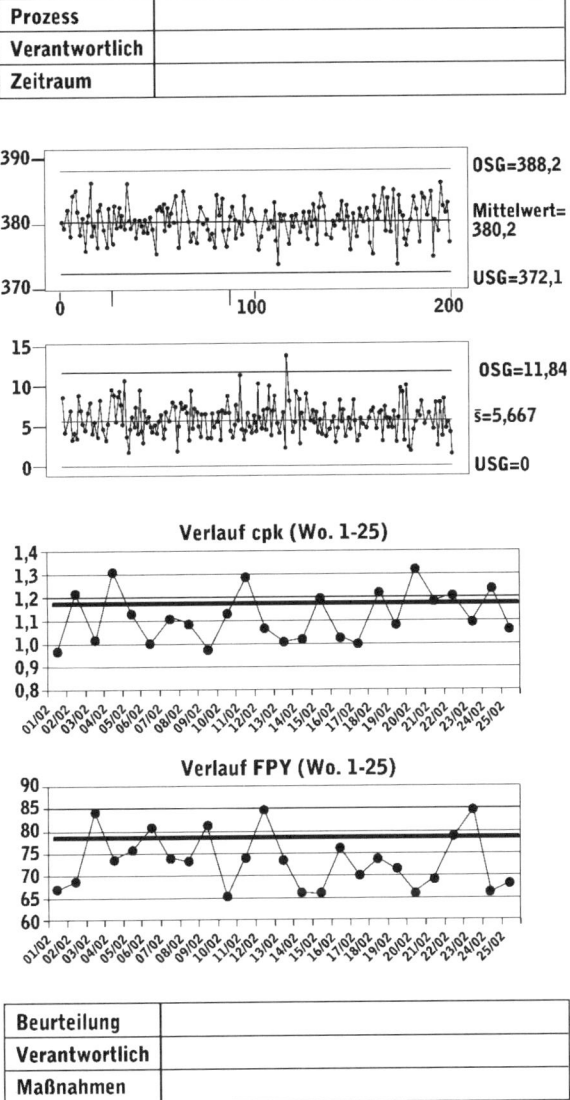

Prozess	
Verantwortlich	
Zeitraum	

Beurteilung	
Verantwortlich	
Maßnahmen	

Abbildung 78: Prozessbericht

ergreifen sind. An dieser Stelle ist es hilfreich, sich auch noch einmal die speziellen und die allgemeinen Ursachen für Abweichungen ins Gedächtnis zu rufen. Überreaktionen sollen damit verhindert werden. Die Maßnahmen werden im Kontrollplan festgehalten und sind somit schnell verfügbar.

Bei der Implementierung der Kontrollmechanismen müssen die Mitarbeiter angemessen geschult, und mögliche Bedenken bezüglich der Anwendung ausgeräumt werden. Wichtig ist, darauf hinzuweisen, dass nicht die Mitarbeiter kontrolliert werden, sondern der Prozess. Nur die Einsicht in den Sinn und Zweck der Kontrolle gewährleistet, dass die erhobenen Daten auch die notwendige Qualität haben und somit die Analyse der Leistungsfähigkeit des Prozesses richtig ist.

7.1.5 Der Abschluss des Six Sigma-Projekts

Nach Implementierung des Kontrollsystems erfolgt für das Projektteam die abschließende Messung des verbesserten Prozesses. Ziel ist, zu belegen, dass sich durch die Implementierung der Lösungen für das Problem die Leistung des Prozesses nachweislich verbessert hat. Nachweislich heißt im Falle eines Six Sigma-Projekts *statistisch* nachweislich. Die Leistung des neuen Prozesses wird mit der Ist-Messung aus der Phase »Messen« verglichen. Dabei sollte zum Zweck der Vergleichbarkeit auf dieselben Messgrößen beziehungsweise Darstellungen zurückgegriffen werden.

TIPP: Für die Erhebung der Daten zur Vergleichsmessung zwischen neuem und altem Prozess ist es sinnvoll, zusätzlich Ergebnisse aus den ersten Messungen der Kontrollphase heranzuziehen.

In der Praxis kann es vorkommen, dass die Implementierung von Verbesserungen zum Beispiel durch den Einsatz neuer Rohstoffe, Maschinen oder Software sich etwas länger hinauszögert. Die Aufgabe des Projektleiters ist es dann, einen Ausweg zu suchen, damit das Projektteam nicht unnötig lange an das Projekt gebunden ist. Wichtig ist, den Auftraggeber einzubinden und das Problem im Einvernehmen mit ihm zu lösen. Zwei Möglichkeiten bieten sich hier an:

- Hat man einen Pilottest eingesetzt, so kann man auch mit gewissen Vorbehalten diese Daten verwenden.
- Im anderen Fall sollte man das Projektteam für die Zeit, bis Messungen vorhanden sind, aus dem Projekt entlassen.

Der Auftraggeber muss entscheiden, ob für den Nachweis der Verbesserung das Team noch einmal zusammenkommt oder ob die Verantwortung beim Projektleiter liegt, das Projekt abzuschließen. Unabhängig davon, wie seine Entscheidung ausfällt, ist es unablässig, diese zu kommunizieren, damit die Teammitglieder nicht im Unklaren gelassen werden. Auf jeden Fall muss sichergestellt werden, dass die Verbesserung nachweislich gemessen wird.

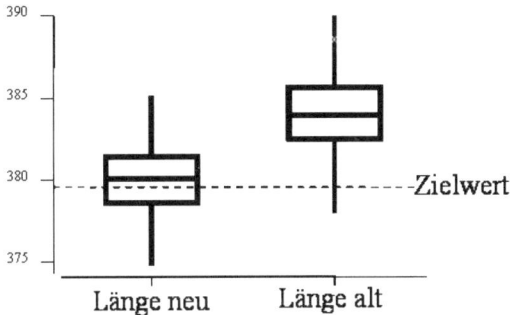

Abbildung 79: Grafische Darstellung des
Vorher-Nachher-Vergleichs

So werden zum Vorher-Nachher-Vergleich auch wieder die statistischen Verfahren eingesetzt, um damit signifikante Unterschiede nachweisen zu können.

Hat das Team die Verbesserung nachgewiesen, ist es die Aufgabe des Projektleiters, zusammen mit dem Controlling das Einsparpotenzial zu quantifizieren. Mithilfe der Kennzahlen lassen sich die Einsparungen berechnen und gegen die Kosten für das Projekt und für die Implementierung der Verbesserung aufrechnen. Diese Einsparungen sollte sich das Projektteam – auch für spätere Projekte – schriftlich bestätigen lassen.

Anschließend ist die Dokumentation des Projekts zu erstellen. Der Projektbericht enthält den Projektvertrag und sollte entlang der DMAIC-Phasen den Einsatz der Werkzeuge mit einer Begründung sowie die Ergebnisse der jeweiligen Phasen skizzieren. Wichtige Erkenntnisse und grafische Darstellungen sollten dabei hervorgehoben werden.

	alter Prozess	neuer Prozess
Mittelwert	384	380
Standardabweichung	2,31	1,96
Process Sigma	3,19	4,34
Yield	95,34 %	99,78%
cpk	0,56	1,01

Abbildung 80: Messergebnisse des Vorher-Nachher-Vergleichs

TIPP: Erstellen Sie gleichzeitig eine Präsentation für mögliche Informations-veranstaltungen oder für den Einsatz im Intra- beziehungsweise Internet. Über beide Wege wird zu mehr Transparenz beigetragen.

Dokumentiert werden sollten außer dem Vorgehen mögliche unerledigte Aufgaben mit Angabe von Verantwortlichen und Terminen sowie mögliche Abweichungen von den anfangs im Projektauftrag festgelegten Meilensteinen. Weiterhin enthalten sein sollten eine Aufstellung der Kosten und ein entsprechender Vergleich mit dem Budget. Der Transfer von Erfolgs- oder Misserfolgsfaktoren in der Projektarbeit auf die nächsten Projekte dient zur Verbesserung der Qualität in der Projektarbeit.

Den Abschluss bilden eine Zusammenfassung der Teamarbeit und eine entsprechende Würdigung. Nicht vergessen sollte man Hinweise auf mögliche weitere Ansätze zur Verbesserung oder Nachfolgeprojekte, die sich im Umfeld der Analysen ergeben haben.

Das Projekt ist in dem Moment formal abgeschlossen, in dem Team und Projektleiter ihren Projektbericht an den Auftraggeber übergeben. Der Auftraggeber hat nun für die Nachhaltigkeit der Verbesserung zu sorgen. Entweder übernimmt er persönlich diese Aufgabe oder er bestimmt für ihre Wahrnehmung einen Verantwortlichen.

TIPP: Ganz wichtig ist, den Teilnehmern den notwendigen Dank für die Zeit und die Mühen auszusprechen.

Bevor in einem ausführlichen Glossar zu allen wichtigen Begriffen rund um das Thema Six Sigma das Buch abgerundet wird, sollen auch hier noch einmal die Besonderheiten der Kontrollphase in den Abschnitten »Fallstricke«, »Werkzeugkasten« und »Checkliste« hervorgehoben werden.

7.2 Fallstricke im Kontrollprozess

Fallstricke in dieser Phase des Six Sigma-Projekts sind, dass die Teammitglieder die Vorbereitungen zur abschließenden Kontrollphase unterschätzen. Ohne Kontrolle sind jedoch Nutzen und Erfolg eines Six Sigma-Projekts nicht nachzuweisen.

Wenig effizient oder zumindest sehr kompliziert ist auch, wenn das Projektteam ein eigenes Kennzahlensystem aufbaut, anstatt die Daten in das

Kennzahlensystem des Unternehmens zu integrieren. Die Ergebnisse des Six Sigma-Projekts sind damit ohne Aussage, da meist ein Vergleich von verschiedenen Kennzahlensystemen schwer und umständlich ist.

Häufig herrscht in Teams auch keine Einigkeit darüber, welche Kennzahlen eingesetzt und wie sie gemessen werden sollen. Die Verbesserung kann jedoch ohne Kennzahlen nicht dokumentiert werden – das Projekt zeigt also keine Erfolge. Damit sich das Team nicht um den Lohn seiner Arbeit bringt, ist die Einigung auf bestimmte Kennzahlen unumgänglich.

Eine ständige Kontrolle des Prozesses verhindert auch, dass alles wieder in den alten Trott zurückfällt. In den meisten Fällen bringt eine kurze Kontrollphase hier nur sehr wenig – Prozesse ändern sich meist schleichend. Deshalb sollte der Auftraggeber den Prozess mindestens ein Jahr lang intensiv überwachen lassen und dazu auch »Wasserstandsberichte« einfordern.

Häufig reflektieren die Teammitglieder nicht die Probleme und Fehler der Projektbearbeitung. Bei späteren Projekten können diese dann nicht vermieden, die Projektarbeit nicht verbessert werden.

Six Sigma-Projekte müssen von allen vorbehaltlos mitgetragen werden. Je besser die Ergebnisse eines Six Sigma-Projekts unternehmensweit kommuniziert werden, umso höher ist die Anerkennung für die Methode. Umgekehrt gilt: Schlechte Projektkommunikation führt zur Ablehnung.

Das Projekt muss formal abgeschlossen werden. Geschieht dies nicht, liegt die Verantwortung weiter bei den Teammitgliedern, der Projektvertrag wird nicht komplett erfüllt. Das Projekt läuft dann zumeist unbestimmt weiter – mit der Folge, dass sich das Team um den Lohn seiner Arbeit bringt.

7.3 Werkzeugkasten: Karten, Formulare und Diagramme für die Kontrolle

In dieser Phase kommen zum Einsatz:

- Regelkarten als grafische Darstellung eines Merkmals beziehungsweise Ergebnisses im Zeitverlauf,
- Prozessfähigkeitsberechnungen,
- sämtliche Werkzeuge zur Datensammlung,
- Flussdiagramme,

- Vorher-Nachher-Vergleichsdiagramme, um die Verbesserung des Prozesses grafisch darzustellen,
- Arbeitsanweisungen für die Mitarbeiter,
- ein Abschlussbericht für den Auftraggeber, in dem das Team festhält, dass es den anfänglich geschlossenen Projektauftrag erfüllt hat.

7.4 Checkliste »Kontrolle«

1. Zur Planung des Kontrollsystems sind

   - Messgrößen identifiziert,

   - Werkzeuge ausgewählt,

   - Ressourcen eingeplant,

   - die Form des Prozessberichts ausgewählt,

   - Verantwortliche zur Auswertung bestimmt.

2. Der Kontrollplan ist mit dem Auftraggeber abgestimmt.

3. Der Nachweis der Prozessverbesserung ist mit angemessenen Werkzeugen erbracht.

4. Das Einsparpotenzial ist quantifiziert.

5. Der Projektauftrag ist ergänzt.

6. Der Projektbericht ist erstellt.

7. Die Präsentation ist erstellt.

8. Die Ansätze für weitere Verbesserungsprojekte sind dokumentiert.

9. Die Leistung der Teammitglieder ist gewürdigt.

10. Die Lernerfahrungen aus der Projektarbeit sind dokumentiert.

11. Das Projekt ist an den Auftraggeber übergeben.

8 Ablaufskizze Six Sigma-Projekt

1. Projektsitzung	Inhalte/Aufgaben		
	Start-Workshop definieren	Einführung in Six Sigma-Systematik	Ziele darstellen, Hintergründe erläutern
		Projektauftrag vorstellen	Diskussion, Vorschläge Projekt-teilnehmer (PT), Ergänzungen
		Kunden-Lieferanten-Analyse (SIPOC)	Vorgehen, Ziele, Erstellung
		Kundenanforderungen aufnehmen (VOC)	Vorgehen, Ziele, Erstellung
		kritische Qualitäts-merkmale	Vorgehen, Ziele, Erstellung

Projektleiter	Inhalte/Aufgaben		
	Dokumentation 1. Projektsitzung	Zusammenfassung der Ergebnisse	Versand der Dokumentation an PT
	Statusbericht Auftraggeber		
	Planung	Projektsitzung Messen	

2. Projektsitzung	Inhalte/Aufgaben		
	Messen	Auswahl der wichtigen Einflussgrößen	Ziele darstellen, Hintergründe erläutern
		Ursache-Wirkungs-analysen (Ishikawa)	
		detaillierteren Prozess-fluss erstellen	Vorgehen, Ziele, Erstellung
		Bewertung der Einflussgrößen	Vorgehen (Werkzeuge), Erstellung
		Auswahl Messgrößen	
		Arbeitsaufträge für das Sammeln von Datenmaterial	Zuständigkeitsplan aufstellen

Projektleiter	Inhalte/Aufgaben		
	Dokumentation 2. Projektsitzung	Zusammenfassung der Ergebnisse	Versand der Dokumentation an PT
	Statusbericht Auftraggeber		
		Einfordern des vorhan-denen Datenmaterials	Auswerten auf Tauglichkeit
	Planung	Erstellung Datenerhebungsplan	

3. Projektsitzung Inhalte/Aufgaben

Datenerhebungs-plan	vorhandene Daten bewerten	Bewertung PT
	Kennzahlen auswählen	Input zu Kennzahlen
	Plan erstellen, welche Messgrößen aufgenommen werden	Input Datenerhebungsplan
		Messstellen im Prozess erarbeiten
Messsystem-analyse	Notwendigkeit diskutieren	Input MSA
	Plan für MSA	Terminierung, Verantwortlichkeiten

Projektleiter Inhalte/Aufgaben

Dokumentation 3. Projektsitzung	Zusammenfassung der Ergebnisse	Versand der Dokumentation an PT
Statusbericht Auftraggeber		
	Einfordern der Ergebnisse MSA	Auswerten auf Fähigkeit
	Datenerhebung veranlassen	
	Datenerhebung kontrollieren	
	Daten einfordern	
	erste Visualisierung der Daten	verschiedene Diagramme
	Berechnung Kennzahlen	
Statusbericht Auftraggeber		
Planung	Projektsitzung »Analysieren«	

4. Projektsitzung	Inhalte/Aufgaben		
		Darstellung der Mess-ergebnisse/Kennzahlen	
	Prozessanalyse	Arbeiten am Prozessablauf	Input Prozessanalyse
		Ursachen dokumentieren	
	Datenanalyse	weitere Analyse planen (Testverfahren)	Input Datenanalyse

Projektleiter	Inhalte/Aufgaben		
	Dokumentation 4. Projektsitzung	Zusammenfassung der Ergebnisse	Versand der Dokumentation an PT
		Analyse weiterführen (Statistische Verfahren)	
		Ergebnisse doku-mentieren	
	Statusbericht Auftraggeber		
	Planung	Projektsitzung »Lösungen suchen«	

5. Projektsitzung   Inhalte/Aufgaben

Auswertung aus Analysieren	Ergebnisse der statistischen Auswertung erläutern	Darstellung des Vorgehens
	Diskussion im Team, Hypothesen bewerten	
	Hauptursachen festlegen	
Lösungssuche	Lösungsmöglichkeiten erstellen, erste Priorisierung	Input zu Vorgehen und Kreativitätstechniken
	Planung für weitere Bewertung der Lösung	
	Beschaffung von Material für Lösungsvarianten	Verteilung der Verantwortlichkeiten

Projektleiter   Inhalte/Aufgaben

Dokumentation 5. Projektsitzung	Zusammenfassung der Ergebnisse	Versand der Dokumentation an PT
	Ergebnisse dokumentieren	
Statusbericht Auftraggeber		
	Daten für Lösungsvarianten einfordern und verarbeiten	Kosten-Nutzen-Bewertung
Planung	Projektsitzung »Lösung bewerten und auswählen«	

6. Projektsitzung	Inhalte/Aufgaben		
	Lösungen bewerten und auswählen	Kosten-Nutzen, andere Daten für die Lösungsbewertung	
		weitere Werkzeuge zur Bewertung	Input
		Auswahl der Lösung/en	
		erste Erstellung des Implementierungsplans für Pilotierung	Input Implementierungsplan

Projektleiter	Inhalte/Aufgaben		
	Dokumentation 6. Projektsitzung	Zusammenfassung der Ergebnisse	Versand der Dokumentation an PT
		Ergebnisse dokumentieren	
	Statusbericht Auftraggeber		
		Pilotierung veranlassen	
		Daten aus Pilotierung einfordern	
		Daten aus Pilotierung auswerten	Diagramme, Kennzahlen, Probleme
	Planung	Projektsitzung »Ergebnisse, Pilotierung und Kontrolle«	

7. Projektsitzung   Inhalte/Aufgaben

Auswertung Pilotierung	Ergebnisse des Piloten präsentieren und diskutieren	
	mögliche Änderungen einplanen	
	endgültigen Implementierungsplan anpassen und beschließen	Input Implementierungsplan
Planung der Kontrollmaßnahmen	Kontroll- und Maßnahmenplan erstellen	Input Werkzeuge Kontrollplanung

Projektleiter   Inhalte/Aufgaben

Dokumentation 7. Projektsitzung	Zusammenfassung der Ergebnisse	Versand der Dokumentation an PT
	Ergebnisse dokumentieren	
Statusbericht Auftraggeber		
	Implementierung veranlassen	
	Implementierung überwachen, erste Daten einfordern	
	Daten auswerten	
Planung	abschließende Sitzung zum Thema Kontrolle	Ergebnisse aus Messungen, Implementierungsphase

8. Projektsitzung Inhalte/Aufgaben

Kontrollphase	Ergebnisse präsentieren	
	mögliche Änderungen einplanen	
	Kontrollplan anpassen	
	Reflektion der Projektarbeit und Feedback einholen	
	mögliche Nachfolgeprojekte diskutieren und dokumentieren	

Projektleiter Inhalte/Aufgaben

Dokumentation der Projektarbeit	Zusammenfassung der Vorgehensweise und der Ergebnisse	Versand der Dokumentation an PT
	Abschlussbericht erstellen	
Statusbericht Auftraggeber		
Planung	Abschlussprojektsitzung	

9. Projektsitzung Inhalte/Aufgaben

Projektabschluss	abschließende Präsentation der Ergebnisse	
	formale Übergabe des Projekts an Auftraggeber	
	Team aus Projektarbeit formal entlassen	

Glossar: Die wichtigsten Begriffe rund um Six Sigma und ihre Bedeutung

3,4 Fehler	Produkte funktionieren quasi fehlerfrei mit lediglich 3,4 Fehlern pro einer Million Prozesse
6-3-5-Methode	Kreativitätstechnik zur Lösungsentwicklung nach dem Schema: 6 Personen – 3 Lösungsvorschläge – 5 Kommentare
80/20-Regel	Pareto-Prinzip: 80 Prozent des Problems entstehen durch 20 Prozent der möglichen Ursachen
Allgemeine Ursachen	Ursachen für die Prozessstreuung, die zufällig auftreten oder natürlich sind; allgemeine Ursachen sind nicht kontrollierbar
Alternativhypothese (H_A)	Hypothese, mit der die gegenteilige Annahme zur Nullhypothese beschrieben wird; siehe auch Nullhypothese
Analysephase	Kernphase bei Six Sigma; durch statistische Methoden und Instrumentarien der Prozessanalyse werden wichtige Informationen für die Erklärung der Anzahl von fehlerhaften Produkten generiert; praktische Probleme werden in statistische Probleme umgewandelt
ANOVA	Analysis of Variance; einfache Varianzanalyse; statistisches Testverfahren
Audit	Systematische Untersuchung, um festzustellen, ob die Kontrollmaßnahmen und die damit zusammenhängenden Ergebnisse den geplanten Anforderungen entsprechen
Auflösung	Kriterium der Messsystem-Analyse
Ausbeute	Prozentsatz eines Prozessergebnisses, das innerhalb der Spezifikationsgrenzen liegt

Basel II	Neugestaltung der Eigenkapitalvorschriften der Kreditinstitute, mit dem Ziel, die Stabilität des internationalen Finanzsystems zu erhöhen
Bedürfnis	Kundenwunsch, der mithilfe eines Treiberbaums in kritische Qualitätsmerkmale (CTQ) übersetzt werden kann
Bionik	kreative Methode zur Lösungsfindung; Übertragung von Lösungen aus der Natur in die Technik
Black Belt	Projektleiter im Six Sigma-Unternehmen; beherrscht die weiterführenden Six Sigma-Werkzeuge, leitet und steuert Six Sigma-Projekte als interner oder externer Mitarbeiter.
Block-Layout	Werkzeug aus der Analysephase; Überblick über Produktions- und Prozesswege
bottleneck(s)	siehe: Flaschenhals
Box-Plot	grafische Darstellung des 1. und 3. Quartils und Medians
Brainstorming	Technik zur Ideenfindung in der Verbesserungsphase
Business Excellence	exzellente Unternehmensführung
Cause&Effect-Matrix	siehe: Ursache-Wirkungs-Matrix
c_{gm}	Fähigkeitskennzahl des Messsystems ohne Berücksichtigung der Lage des Mittelwertes
Change Management	Veränderungsmanagement; systematische Planung, Steuerung und Kontrolle von Veränderungen in Organisationen
CHI^2-Test	Mehrfelder-Test; Hypothesentest für attributive Daten
c-Karte	Qualitätsregelkarte für diskrete Daten; enthält die Anzahl der Fehler pro gemessene Einheit
c_{gmk}	Fähigkeitskennzahl des Messsystems unter Berücksichtigung der Lage des Mittelwertes
Clustern	Sortieren und Zusammenfassen von Daten nach bestimmten Kriterien
Controllable Inputs	Steuergrößen beziehungsweise regelbare Parameter, die einen Einfluss auf den Prozess-Output haben
Cp (process capability)	Prozessfähigkeitindizes; drücken die langfristige Prozessleistung ohne Berücksichtigung der Lage des Mittelwerts aus

Cpk (critical process capability)	Prozessfähigkeitindizes; drücken die langfristige Prozessleistung unter Berücksichtigung der Lage des Mittelwertes aus
Critical to Quality (CTQ)	siehe: kritisches Qualitätsmerkmal
Customer	Kunde; Bestandteil der Kunden-Lieferanten-Analyse (SIPOC)
Datenerfassungsplan	Formular, das Anweisungen zur Erhebung der Stichproben gibt
Datenerhebung	Aufnahme von festgelegten Messgrößen aus einem Prozess nach Datenerfassungsplan
defects per unit (DPU)	Fehler pro Einheit
defects per opportunity (DPO)	Fehler pro Möglichkeit; drückt das Verhältnis von Fehlern gegenüber der Gesamtzahl von Möglichkeiten in einem Prozess aus
defects per million opportunities (DPMO)	Fehler pro eine Million Möglichkeiten; die Gesamtzahl der Fehler pro Einheit dividiert durch die Gesamtzahl der Fehlermöglichkeiten pro Einheit multipliziert mit 1 000 000
Definitionsphase	Kernphase bei Six Sigma; Einsparpotenziale werden festgeschrieben; Kundenanforderungen werden in messbare Größen übersetzt
Design For Six Sigma (DFSS)	Prozesse werden von Anfang an so entworfen oder neu geschaffen, dass sie Six Sigma-Qualität produzieren
DLZ	Durchlaufzeit
DMAIC	phasenweises Vorgehen in der Six Sigma-Systematik: Define – Measure – Analyze – Improve – Control
dpmo	siehe: defects per million opportunities
dpo	siehe: defects per opportunity
dpu	siehe: defects per unit
Durchlaufzeit (DLZ)	benötigte Zeit von Einzelfaktoren bis Endprodukt; beinhaltet Bearbeitungszeit, Transportzeit, Liegezeit, Wartezeit
Entscheidungsanalyse	systematisches Vorgehen zur Bewertung und Auswahl von Lösungsmöglichkeiten in der Verbesserungsphase

F-Test	statistisches Testverfahren; Varianzvergleich
Fehler	alles, was nicht die Kundenerwartung erfüllt und/oder den Prozess beeinträchtigt
Fehlerverhütungskosten	qualitätsbezogene Kosten, die durch Vorbeugungs- und Korrekturmaßnahmen verursacht sind
Fehlleistungskosten	Kosten schlechter Prozessleistung
Final Yield (FY)	Wert zur Messung der Prozessqualität; die Ausbeute, die nach dem ersten Durchgang entsteht, ohne Berücksichtigung der Nacharbeit
First Pass Yield (FPY)	Wert zur Messung der Prozessqualität; die Ausbeute des Prozesses, die bereits im ersten Prozessdurchlauf korrekt ist und keine Nacharbeit erfordert
Fischgrätdiagramm	siehe: Ursache-Wirkungs-Diagramm
Fischkopf	klar umschriebenes Problem im Fischgrätdiagramm
Flaschenhals	Kapazitätsengpässe in einer Prozesskette
Flussdiagramm	strukturierte und einheitliche Visualisierung eines Prozessablaufs (zum Beispiel des Produktionsablaufs) vom Anfang bis zum Ende
FMEA	Fehler-Möglichkeits-und-Einfluss-Analyse; Methode zur Erkennung und Bewertung von Fehlern, Fehlerursachen und Kontrollmaßnahmen; dient zur Auswahl der wenig wichtigen Einflussgrößen in der Six Sigma-Methodik
Gantt-Chart	Formular zur Planung des zeitlichen Ablaufs der Implementierungsmaßnahmen von Six Sigma-Projekten und deren Teilschritten
Green Belt	Rolle in der Six-Sigma-Methodik; Green Belts sind mit grundlegenden statistischen Instrumentarien vertraut und leiten kleine Six-Sigma-Projekte
H_0	Abkürzung für Nullhypothese bei Hypothesentests
H_A	Abkürzung für die Alternativhypothese bei Hypothesentests
Häufigkeitsdiagramm	siehe: Histogramm
Hauptprozessschritte	acht bis zehn Aktivitäten in der Darstellung eines SIPOC
Histogramm	grafische Darstellung der Verteilung von Merkmalshäufigkeiten in Säulenform; auch Balken- oder Säu-

	lendiagramm; auf der x-Achse werden die Messwerte, auf der y-Achse die Häufigkeiten eingetragen
Hypothesentest	Überprüfung von Vermutungen oder Annahmen über die Grundgesamtheit mithilfe von Zufallsstichproben
Implementierung	Einführung, Umsetzung der Verbesserungen in den Prozess
Implementierungsplan	schriftliche Anweisung, wie die Lösung zeitlich und personell in die Unternehmensabläufe integriert werden soll
Input	Eingangsgröße in einem Prozess; Bestandteil des SIPOC
Inputmessungen	Messung von Werten bezüglich der Qualität von Eingangsgrößen wie gelieferten Produkten und erbrachten Dienstleistungen
Irrtumswahrscheinlichkeit	α-Fehler; Fehler 1. Art; Wahrscheinlichkeit, mit der im Rahmen des Tests die Nullhypothese fälschlicherweise verworfen werden kann
Ishikawa-Diagramm	siehe: Ursache-und-Wirkungs-Diagramm
Kano-Modell	Raster zur Klassifizierung von Produkten oder Dienstleistungen bezüglich ihres Beitrages zur Kundenzufriedenheit
Kennzahlensystem	Kombinationen mehrerer Kennzahlen; dienen als Maßstab, um Ursache und Wirkung von Vorgängen darzustellen
Kern- und Schlüsselprozesse	Prozesse zur Produktrealisierung beziehungsweise Dienstleistungserstellung; Prozesse, die das Ergebnis der Kernprozesse erheblich beeinflussen
KMU	kleine und mittlere Unternehmen
Konfidenzintervall	Wertebereich, in dem sich der Parameter nach vorzugebenden Wahrscheinlichkeiten befindet
Kontrollgrenzen	Grenzwerte, die zur Beurteilung dienen, ob der Prozess unter Kontrolle ist oder ob Ausreißer vorliegen
Kontrollphase	Kernphase bei Six Sigma; durch ständige Überwachung der Prozesse, die die Dienstleistung oder das Produkt schaffen, wird gewährleistet, dass Verbesserungen langfristig Bestand haben
Kosten-Nutzen-Analyse	Untersuchung der möglichen Änderungen, die sich durch eine Prozessverbesserung ergeben, hinsichtlich verursachter Kosten und erzieltem Nutzen

Kraftfeld-Analyse	Werkzeug zur Projektauswahl; hemmende und treibende Kräfte werden zusammengetragen und sollen Potenziale und Schwierigkeiten eines Projekts aufzeigen
Kreativitätstechniken	Werkzeuge, die die Suche nach Lösungen in der Verbesserungsphase unterstützen
kritisches Qualitätsmerkmal	(kurz: ctq (critical to quality); Merkmale, die ein Produkt oder Prozess unbedingt erfüllten muss, um den Kundenanforderungen gerecht zu werden
Kunden-Lieferanten-Analyse	grafische Darstellung der Kunden, Lieferanten, Eingangs- und Ausgangsgrößen sowie der groben Prozessschritte; dient als erster Überblick über den Prozess in der Definitionsphase
Lagekennwerte	arithmetisches Mittel oder Mittelwert; Median
Lang- und Kurzzeitfähigkeit	Nachweis der Prozessfähigkeit über einen längeren oder kürzeren Zeitraum hinweg
Lieferant	Supplier; Bestandteil der Kunden-Lieferanten-Analyse (SIPOC)
Lösungsauswahl	Schritt im Ablauf der Verbesserungsphase; das Projektteam wählt die richtigen Lösungen für die Verbesserung aus
Lösungsentwicklung	mithilfe von Kreativitätstechniken werden Lösungen zur Beseitigung der Ursachen eines Problems gesammelt
Master Black Belt	Rolle in der Six-Sigma-Methodik; Position auf der Ebene der Geschäftseinheit; sie wird gewöhnlich für zwei Jahre in Vollzeit ausgeübt; der Master Black Belt ist verantwortlich dafür, dass das Six Sigma-Wissen an die Black Belts weitergegeben und im Unternehmen dauerhaft eingeprägt wird
Materialfluss-/Personalfluss-Analyse	Analyse der Material-, Personal- und Rohstoffbewegungen innerhalb des gesamten Herstellungsprozesses
Mehrfeldertest	statistische Überprüfung von Häufigkeitsverteilung von Merkmalen mithilfe der CHI^2-Verteilung; CHI^2-Test
Meilensteine	festgeschriebene Planungsschritte innerhalb der DMAIC-Systematik; werden im Projektauftrag festgehalten

Messfähigkeitsindizes	Kennzahlen für die Fähigkeit eines Messsystems
Messphase	Kernphase bei Six Sigma; Überprüfung der Messsysteme; Aufnahme von Prozessdaten; Berechnung der Ist-Prozessfähigkeit
Messsystemanalyse	Analyse und Quantifizierung der durch das Messsystem verursachten Streuung
Mindmap	wichtige Begriffe werden grafisch durch Äste miteinander verbunden, um Zusammenhänge darzustellen
Morphologischer Kasten	Kreativitätstechnik zum systematischen Sammeln von Lösungen in der Verbesserungsphase; Teilaspekte werden systematisch in Tabellenform kombiniert
Multi-Vari-Diagramm	grafische Darstellung der Streuung unterschiedlicher Komponenten (Variationen) in einem Prozess
nicht wertschöpfender Schritt	Tätigkeit, die keinen Mehrwert erzeugt
Noise variables	Störgrößen; Parameter, die einen negativen Einfluss auf den Prozess-Output haben, aber schwer oder gar nicht regelbar sind
Normalverteilung	standardmäßige, kontinuierliche Wahrscheinlichkeitsverteilung; stellt sich grafisch in Glockenform dar
np-Karte	Regelkarte für diskrete Daten; Anzahl fehlerhafter Einheiten
Nullhypothese (H_0)	Hypothese, mit der die wahrscheinlichste Annahme beschrieben wird; siehe auch Alternativhypothese
Nutzwertanalyse	Bestimmung des Wertes einer bestimmten Maßnahme; dazu werden Alternativen oder Varianten verglichen; Untersuchung, ob die Lösung den Prozess ganzheitlich verbessert
OEG	obere Eingriffsgrenze; Kontrollgrenze bei Regelkarten
Opportunities	Anzahl der Möglichkeiten, einen Fehler zu machen; siehe dpmo und dpo
Order Winner	positive Überraschungseffekte; Kano-Modell
Output	Ergebnis eines Prozesses
p-Karte	Regelkarte für diskrete Daten; basiert auf dem Anteil fehlerhafter Einheiten
Pareto-Analyse	Methode zur Identifizierung signifikanter Probleme in der Messphase; 80/20-Regel

Pareto-Diagramm	Visualisierung der durch die Pareto-Analyse (80/20-Regel) identifizierten signifikanten Probleme
Pareto-Prinzip	siehe: 80/20-Regel
parts per million (ppm)	Fehlerrate; Fehler pro Million Einheiten
Pilot/Pilotierung/Pilotprojekt	Testlauf zu einer gefundenen Lösung
Poisson-Verteilung	Wahrscheinlichkeitsverteilung für diskrete Daten
Poka Yoke	integrierte Maßnahmen im Prozess oder Produkt, um einen Fehler nicht auftreten zu lassen
Portfolio-Bewertung	Werkzeug zur Bewertung und Priorisierung von Lösungsmöglichkeiten
Pp	Prozessfähigkeitindizes; vorläufige Prozessleistung ohne Berücksichtigung der Lage des Mittelwertes (preliminary process capability)
Ppk	Prozessfähigkeitindizes; vorläufige Prozessleistung mit Berücksichtigung der Lage des Mittelwertes (critical preliminary process capability)
Process Owner	Prozessverantwortliche Person
Process Sigma-Tabelle	Tabelle mit Wertangaben, aus der sich anhand von Messwerten das Sigma-Level eines Prozesses ablesen lässt
Project Charter	siehe: Projektvertrag
Projektbericht	abschließende Dokumentation der Verbesserungen
Projektgrenzen	vor Beginn der Projektarbeit werden Aspekte des Prozesses oder Produktes einvernehmlich mit den Verantwortlichen ausgeklammert
Projektteam	Gruppe von Mitarbeitern, die mithilfe von Six Sigma-Werkzeugen die Arbeit an der Prozessverbesserung zusammen mit dem Projektleiter ausführt
Projektvertrag	hier werden die Ziele des Projekts schriftlich festgehalten, die Teilnehmer und Projektverantwortlichen genannt und eine Vereinbarung mit dem Auftraggeber geschlossen
Prozessfähigkeit	Berechnung mit Cp- oder Cpk-Wert
Prozessfähigkeitsindizes	Cp- und Cpk-Wert
Prozesskostenanalyse	Identifizierung der Ist-Kosten als Basis für die Kosten-Nutzen-Analyse
Punktebewertung	Werkzeug zur Bewertung von Lösungsmöglichkeiten

QMS	siehe: Qualitätsmanagementsystem
Qualifier	explizit genannte Kundenwünsche; Kano-Modell
Qualitätskosten	Kosten schlechter Prozessleistung
Qualitätsmanagementsystem	Gesamtheit aller dokumentierten Vorgaben zur Erreichung der Unternehmensziele
Qualitätsregelkarten (QRK)	Formblatt zur grafischen Darstellung von Werten, die bei der Aufnahme von Stichproben aus einem Prozess anfallen und zur Beurteilung der Prozessstabilität herangezogen werden
Regelkarte	siehe: Qualitätsregelkarte
Regression	statistisches Verfahren, das dazu dient, ein Merkmal mithilfe eines anderen Merkmals vorherzusagen, das an denselben Objekten/Personen oder Erscheinungen erhoben wurde
Repeatibility	siehe: Wiederholpräzision
Reproducibility	siehe: Vergleichspräzision
R-Regelkarte	Regelkarte für kontinuierliche Daten; Range der Daten wird in das Formblatt eingetragen
Run	Datenverlauf in Regelkarten; Run beginnt und endet, wenn die Verbindungslinie den Median überquert
Scamper-Methode	Kreativitätstechnik zur Lösungsentwicklung
Sechs Denkende Hüte	Kreativitätstechnik zur Lösungsentwicklung; Besprechungskonzept, das Diskussionen steuert
Shift and Drift	langfristige Verschiebung des Mittelwerts um 1,5 Sigma
Sigma	Standardabweichung der Grundgesamtheit
Sigma-Level	universelle Qualitätsmetrik, die ohne Rücksicht auf die Komplexität eines Produktes immer gültig ist; je höher der Sigma-Wert ist, desto besser ist das Produkt oder der Unternehmensstandard; je niedriger der Sigma-Wert ist, desto höher die Zahl der Fehler pro Einheit des Produktes/der Dienstleistung; ein herrkömmliches Unternehmen liegt heute bei drei bis vier Sigma; Level des Process Sigma
SIPOC	siehe: Kunden-Lieferanten Analyse
Six Sigma-Vorgehenssystematik	siehe: DMAIC

SMART	Eigenschaften der im Aufgabenblatt formulierten Projektziele: Spezifisch – Messbar – Aktiv beeinflussbar – Realistisch – Terminiert
soft tools	Werkzeuge aus der Six Sigma-Systematik, die keine statistisch gesicherten Analysen durchführen; etwa Prozessflussanalysen und Kreativitätstechniken
Spaghetti-Chart	Darstellung von Material-, Informations- und Laufwegen
Spezielle Ursachen	Ursachen von Variation, die nicht zufällig auftreten
Spezifikationsgrenzen	von Kunden, Management oder Engineering gesetzte Grenzen, die beschreiben, was von einem Prozess gefordert wird
Sponsor	Treiber der Six Sigma-Methodik im Unternehmen
Standardabweichung	Verteilung der Merkmalsausprägung einer Variablen um den Mittelwert
statistische Prozesslenkung (SPC)	kontinuierliche begleitende Überwachung der Fertigungsprozesse durch (meist computergestützte) Erfassung aller für die Produktqualität relevanten Kennzahlen
Steuergrößen	regelbare Parameter, die einen Einfluss auf den Prozess-Output haben
Stichprobenplanung	um Aussagen bezogen auf die Grundgesamtheit machen zu können, muss die Stichprobe so erhoben werden, dass sie repräsentativ ist
Störgrößen	nicht steuerbare Einflussfaktoren in einem Prozess
Streudiagramm	x-y-Diagramm; grafische Darstellung der Messwerte von zwei miteinander verknüpften Datenreihen
Streuung	Breite der Verteilung eines Merkmals
Streuungskennwerte	Standardabweichung; Varianz; Range
Supplier	Lieferant; siehe: Kunden-Lieferanten-Analyse
Synektik	kreative Technik zur Lösungsfindung; Bildung von Analogien aus verschiedenen Bereichen mit dem Ziel, durch Abstraktion neue Lösungen zu finden
t-Test	statistisches Testverfahren; beruht auf dem Vergleich der arithmetischen Mittelwerte der Variablen in den beiden Stichproben

Taktzeit	Rhythmus der Produktion beziehungsweise des Prozesses
Toleranz	Abstand zwischen oberer und unterer Toleranzgrenze
Transport-Matrix	Visualisierte Darstellung von Material- und Rohstoffbewegungen innerhalb des gesamten Herstellungsprozesses
Treiberbaum	Methode zur Entscheidungsfindung mit systematischem Vorgehen; von allgemeinen Beschreibungen zu konkreten, messbaren Zielen oder Kriterien
Trends	Datenverlauf in Regelkarte; sechs Punkte in Folge steigend oder fallend beschreiben einen Trend
u-Karte	Regelkarte für diskrete Daten; zählt die Fehler pro Einheit in einer Stichprobe
U&W-Matrix	siehe: Ursache-Wirkungs-Matrix
UEG	untere Eingriffsgrenze; untere Kontrollgrenze einer Regelkarte
Unbekannte Faktoren	Einflussfaktoren in einem Prozess, die vermutlich Einfluss auf das Produkt oder den Prozess haben, aber nicht genau bekannt sind
unit	Einheit
Ursache-Wirkungs-Diagramm	auch Ishikawa-Diagramm; grafische Darstellung, mit der logische Zusammenhänge zwischen Fehlern und daraus entstehenden Ereignissen dargestellt werden; zeigt Ursachen, die für einen Prozessfehler verantwortlich sein können
Ursache-Wirkungs-Matrix	Tabelle, die die potenziellen Ursachen für Prozessfehler aufzeigt
Urwert-Karte	Regelkarte für kontinuierliche Daten
Variation	Breite der Verteilung eines Merkmals; Ursache für Zusatzkosten in Prozessen
Verbesserungsphase	Kernphase bei Six Sigma; Lösungsmöglichkeiten zur Beseitigung von Fehlern werden ausgewählt; Erstellung eines Implementierungsplans; Umsetzung der ausgewählten Lösung
Vergleichspräzision	Reproduzierbarkeit (reproducibility); Kriterium zur Bewertung eines Messsystems; Variation durch verschiedene Prüfer, die mit demselben Messinstrument wiederholt dasselbe Teil messen

Verlaufsdiagramme	Darstellung von Daten in zeitlicher Abfolge
Verschwendung	eine der drei Hauptsäulen der Verlustphilosophie, die im Toyota Production System (TPS) verfolgt werden
versteckte Fabrik	Systeme und Abläufe, die häufig einen fehlerhaften Prozess vor dem Management verschleiern und hohe Kosten verursachen
Verteilungsmodelle	modellhafte mathematische Beschreibung der Verteilung von Merkmalen
Vertrauensbereiche	siehe: Konfidenzintervalle
Visualisierung	Darstellung von Merkmalen in Diagrammen, Formularen, Charts
Vital Few	die wenig wichtigen Einflussgrößen eines Prozesses; die Auswahl erfolgt in der Messphase
Voice of the Customer (VoC)	Stimme des Kunden; äußert sich in Kundenanforderungen oder -reklamationen; Aufnahme erfolgt in der Definitionsphase
Vorher-Nachher-Vergleich	Analyseinstrument, mit dem sich Veränderungen bei den Kennzahlen messen und auswerten lassen
Werkzeug	Hilfsmittel und Methoden, die in der Six Sigma-Methodik angewandt werden
wertschöpfende Schritte	Tätigkeiten in einem Prozess, die einen Mehrwert erzeugen
Wertschöpfungsmatrix	Tabelle, die die Anteile an Wertschöpfung beziehungsweise Nichtwertschöpfung an Prozessschritten beinhaltet
Wiederholpräzision	Wiederholbarkeit (repeatability); Kriterium zur Bewertung eines Messsystems; Variation der Messungen: derselbe Prüfer misst mit demselben Messinstrument wiederholt dasselbe Teil
$\bar{x}$ R-Karten	kombinierte Regelkarte für kontinuierliche Daten; eingetragen werden Mittelwert und Range
$\bar{x}$ s-Karten	kombinierte Regelkarte für kontinuierliche Daten; eingetragen werden Mittelwert und Standardabweichung
xy-Diagramm	siehe: Streudiagramm
Zentrieren	Ziel in der Six Sigma-Methodik; Ausrichtung des Prozesses auf den vorgegebenen Zielwert des Kunden

Literatur

Chance Management: Veränderungen erfolgreich initiieren und umsetzen; in: http://www.atb-projekte.de/interorg/download/ws_191102/6_INTER ORG_191102_impulsreferat_ag3.pdf

Deutsche Gesellschaft für Qualität e. V. – DGQ (Hrsg.), *DGQ Band 16–31: SPC 1-Statistische Prozesslenkung,* Berlin 1990.

Deutsche Gesellschaft für Qualität e. V. – DGQ (Hrsg.), *DGQ Band 16–33: SPC 3-Anleitung zur Statistischen Prozessleitung (SPC),* Berlin 1990.

Deutscher Industrie- und Handelskammertag (DIHK), *Mittelstandsfianzierung in schwierigem Umfeld,* Berlin 2002.

Dietrich, E./Schulze, A., *Statistische Verfahren zur Maschinen- und Prozessqualifikation,* 4., überarbeitete Auflage, München/Wien 2003.

Hoffmann, Ursula/Schreier, Jürgen, »Punktlandung – Mit Six Sigma zu schlanken Geschäftsprozessen«, in: *MM – Das Industriemagazin,* 8/2001, S. 14–19.

Institut für Mittelstandsforschung (IfM) und Impulse, *MIND – Mittelstand in Deutschland,* Studie über den deutschen Mittelstand, Köln 2001.

Kayser, Gunter, Statement: »Das industrielle Familienunternehmen – Kontinuität im Wandel«, Institut für Mittelstandsforschung, Bonn 2001.

Knieß, M., *Kreatives Arbeiten,* München 1995.

Kotz, S./Lovelace, C. R., *Process Capability Indices in Theory and Practice,* London 1998.

Kreditanstalt für Wiederaufbau, *Unternehmensfinanzierung in schwierigem Fahrwasser. Wachsende Finanzierungsprobleme im Mittelstand – Auswertung der Unternehmensbefragung 2002,* Frankfurt am Main 2003.

Norm DIN ISO 9000:2000

Norm DIN 55330, Teil 1

Ohno, T., *Das Toyota-Produktionssystem,* Frankfurt/New York 1993.

Rath & Strong Management Consultants (Hrsg.), *Six Sigma Pocket Guide,* Köln 2002.

Sachs, L., *Angewandte Statistik,* 10., überarbeitete Auflage, Berlin 2002.

Schelle, H ., *Projekte zum Erfolg führen,* 3. Auflage, München 2001.

Schmelzer, H. J/Sesselmann, W., *Geschäftsmanagement in der Praxis.* 3. Auflage, München/Wien 2003.

Snijders, Jacqueline/van der Horst, Rob, *KMU im Brennpunkt. Hauptergebnisse des Beobachtungsnetzes der europäischen KMU 2002,* Broschüre der Europäischen Kommission 2002.

Timischl, Wolfgang, *Qualitätssicherung. Statistische Methoden,* 3. überarbeitete Auflage, München 2002.

Waxer, Charles, »Six Sigma Costs and Savings«, in: www.isixsigma.com.

Abbildungsverzeichnis

Register